时滞惯性神经网络的
动力学分析与控制方法

刘　群　李传东　亓江涛　张　伟　著

U0351971

科学出版社

北　京

内容简介

本书介绍了时滞惯性神经网络领域的研究现状、典型模型、常用的动力学分析方法以及控制器的设计策略。从时滞神经网络动力学分析方法的基本概念入手，由浅入深地介绍了带分布时滞的神经网络模型渐近稳定性分析、带惯性项的两个时滞神经元系统的 Hopf 分岔和混沌分析、带惯性项的两个时滞神经元系统的共振余维二分岔、外部周期激励下惯性时滞神经网络分岔周期解的稳定性分析、外部周期激励下两个时滞神经元系统的动力学行为分析、基于脉冲控制的时滞惯性 BAM 神经网络的稳定性分析、周期间歇控制下时滞惯性 BAM 神经网络的指数稳定性分析，并通过大量的数值仿真展示了理论结果的有效性和实用性。

本书既可供计算机学院、信息与软件学院等相关专业的在校高年级本科生、研究生使用，也可供相关专业的教师、科研院所的研究者参考。

图书在版编目(CIP)数据

时滞惯性神经网络的动力学分析与控制方法 / 刘群等著. —北京：科学出版社，2019.3（2019.10 重印）

ISBN 978-7-03-059817-2

Ⅰ. ①时… Ⅱ. ①刘… Ⅲ. ①时滞系统–人工神经网络–动力学分析 Ⅳ. ①TP183

中国版本图书馆 CIP 数据核字（2018）第 264879 号

责任编辑：张　展　陈丽华 / 责任校对：熊倩莹
责任印制：罗　科 / 封面设计：墨创文化

科 学 出 版 社 出版

北京东黄城根北街16 号
邮政编码：100717
http://www.sciencep.com

成都锦瑞印刷有限责任公司印刷

科学出版社发行　各地新华书店经销

*

2019 年 3 月第　一　版　　开本：B5（720×1000）
2019 年 10 月第二次印刷　印张：10 1/4
字数：207 000

定价：86.00 元
（如有印装质量问题，我社负责调换）

作 者 简 介

刘群，教授。1991 年 7 月毕业于西安交通大学工程力学专业，获工学学士学位。2002 年 7 月获武汉大学计算机应用技术专业工学硕士学位。2008 年 12 月获重庆大学计算机软件与理论专业工学博士学位。2014 年在英国拉夫堡大学做访问学者。主要研究方向包括计算智能、神经网络、复杂网络、非线性动力学理论等。发表 SCI 检索论文 15 篇，先后主持国家级项目 1 项，省部级项目多项，获重庆市高等教育教学成果奖一等奖 1 项，重庆市自然科学奖三等奖 1 项。

李传东，教授，博士生导师，IEEE 高级会员，教育部新世纪优秀人才，巴渝学者，享受国务院政府特殊津贴专家。1992 年 7 月毕业于四川大学数据系数理统计专业，获理学学士学位。2001 年 7 月获重庆大学数理学院运筹学与控制论专业理学硕士学位。2005 年 6 月获重庆大学计算机学院计算机软件与理论专业博士学位。先后在香港城市大学、美国德州农工大学长塔尔分校做博士后研究，现任西南大学研究生院副院长。主要研究方向包括计算智能、忆阻系统理论与应用、混沌理论与应用、脉冲控制理论与应用等。发表 SCI 检索论文 200 余篇，被引用 3000 多次，H 因子为 35。先后主持国家级项目 3 项，省部级项目多项，获重庆市自然科学奖一等奖 1 项、二等奖 2 项。担任 SCI 检索期刊 *Cognitive Computation* 的副编辑，多个国际期刊的编委。在科学出版社出版专著 1 部，Springer 出版社编辑出版 *Lecture Notes on Computer Science* 5 卷（LNCS 7663 卷至 7667 卷）

亓江涛，讲师。2011 年毕业于济宁医学院，获得学士学位。2015 年毕业于重庆大学计算机学院，获得工学博士学位。2014 年在美国德州农工大学长塔尔分校做访问学者。2016 年就职于山东交通学院信息科学与电气工程学院。主要研究方向包括神经网络、切换系统、脉冲控制系统、非线性动力系统等。近年来以第一作者发表 SCI 论文 5 篇。主持山东交通学院博士科研基金项目 1 项。

张伟，讲师。2011 年毕业于重庆师范大学，获得工学学士学位。2015 年毕业于重庆大学计算机学院，获得工学博士学位。2014 年在美国德州农工大学长塔尔分校做访问学者。2016 年就职于西南大学电子信息工程学院。主要研究方向包括神经网络、忆阻神经网络、脉冲控制系统、非线性动力系统等。近年来以第一作者发表 SCI 论文 10 余篇，其中包括 *IEEE Transactions on Neural Networks and Learning Systems*、*Neural Networks* 等。先后主持国家自然科学基金和中央高校基金项目各 1 项。

前　言

近年来，各种类型的时滞神经网络如时滞细胞神经网络、时滞 Hopfield 神经网络、时滞 Cohen-Grossberg 神经网络、时滞 BAM(双向联想记忆)神经网络以及忆阻时滞神经网络得到了广泛的研究，并且取得了众多优秀的成果。众所周知，神经网络的动力学特性如稳定性、分岔、混沌等在人工神经网络的设计中具有重要的作用。其中，稳定性作为一类主要问题在最近几年得到了广泛的研究。然而，很多情况下，神经网络系统无法达到稳定的状态，因此需要设计恰当的控制器保证系统的稳定。目前已有很多有效的控制策略如间歇反馈控制、牵引控制、脉冲控制、切换控制、自适应控制等纷纷被提出。

在网络系统中时滞的引入往往会带来系统动力学性质上很大的变化，而由于信号传输速度的有限性，时滞成为动力学系统研究中必须要考虑的一个重要因素。时滞神经网络是时滞系统的一个重要组成部分，尽管其涉及的时滞量非常小，但是人工神经网络电路在许多实际工程中的广泛应用，使得时滞引发的十分丰富的动力学性质成为考察系统稳定性的重要指标，因而时滞神经网络的动力学问题一直都是学术界广泛关注的话题，特别是对时滞神经网络平衡点的全局稳定性、局部稳定性(包括渐近稳定性、指数稳定性、绝对稳定性)以及时滞神经网络的分岔和混沌等动力学现象，都得到了广大科学工作者的深入研究并取得了一系列深刻而有实际意义的理论成果。在如何控制时滞神经网络稳定的设计中，要求所设计的控制器能够降低控制成本并实际可用。虽然已经有许多控制策略的讨论，但是脉冲控制、切换控制以及间歇控制等混杂控制系统，由于其需要的控制增益很小并且仅发生在离散的时刻，造成控制成本以及控制过程中信息传输的总量大大降低，获得了大量的研究关注。近年来，时滞神经网络也在图像处理、模式识别、联想记忆、信号处理、金融业、全局优化和保密通信等领域得到广泛的应用，随着人工神经网络芯片技术以及控制技术的不断发展，对该方向的深入研究具有重要的意义。

本书深入研究时滞神经网络系统的动力学行为及其控制方法，尤其是时滞惯性神经网络出现各种分岔,以及混沌产生的可能性,讨论时滞神经网络的脉冲控制、切换控制以及间歇控制方法,并从理论与数值模拟进行详细的讨论,获得了一些新的理论结果。全书共 9 章,包括时滞神经网络的稳定性、单个及多个时滞神经元方法的分岔、余维二分岔和混沌现象、外部周期激励下非自治系统的分岔和混沌行为分析,以及时滞惯性神经网络的脉冲控制和间歇控制等内容。

第 1 章首先介绍人工神经网络及其动力学基础,概要阐述时滞神经网络的动力学行为基础理论,同时针对几类特殊的时滞神经网络的动力学行为进行介绍,包括时滞惯性神经网络和时滞脉冲神经网络。

第 2 章介绍对时滞神经网络动力学行为研究的基本理论和方法,包括时滞神经网络稳定性研究方法、时滞神经网络分岔行为研究方法、时滞神经网络混沌行为研究方法以及时滞神经网络控制器设计方法。

第 3 章针对分布时滞和离散时滞下的神经网络模型,讨论如何采用 Lyapunov 函数构造法,获得与时滞相关的全局稳定性和局部稳定性判定准则的基本思想。由于在实际的时滞神经网络中,时滞本身是随着时间而变化的,人们通常只知道时滞是有界的,却不能确定它的精确表达式,所以能够获得与时滞相关的稳定性准则对预测神经网络系统模型的动力学行为的鲁棒性和稳定性将带来更大的好处。

第 4 章研究带惯性项的时滞神经网络模型的局部稳定性和 Hopf 分岔。探讨如何利用中心流形定理和正规型理论确定分岔周期解的稳定性和分岔方向。由于惯性神经网络模型中的惯性项是通过在神经元电路中引入一个电感实现的,其本身具有较强的生物学特性,可以模拟完成类似于带通滤波器、电调谐或者时空过滤的作用,所以对它的研究更能体现生物神经网络的特性。

第 5 章通过对惯性时滞神经网络模型在以时滞为分岔参数的条件下,采用中心流形定理和正规型理论获取中心流形方程以及分岔周期解方向的同时,研究双 Hopf 分岔曲线(即余维二分岔)出现的条件,探讨系统出现共振的准则。由于神经网络系统模型正在得到越来越广泛的智能控制、机器人以及模式识别等领域的实际应用,所以本研究方法可以为系统振幅的耦合和频率同步以及减少系统出现的共振提供理论依据。

第 6 章研究当惯性时滞神经网络增加外部周期激励后,该非自治系统的局部稳定性以及分岔周期解的存在和分岔方向。研究方法将中心流形定理以及非线性振动中平均法技术结合，分析系统周期解的方向和分岔点。由于目前主要的分岔理论都是针对自治系统的分岔问题，对非自治系统的分岔问题讨论得很少，所以对这种系统的动力学性质做了一个初探，其结果有利于为实际应用以及后续类似条件下系统的研究提供理论支撑。

第 7 章研究两个时滞神经元的 Hopfield 网络模型在时滞以及外部周期激励共同作用下的局部稳定性和 Hopf 分岔的存在性。虽然本章方法采用的仍然是与第 6 章相似的中心流形定理结合平均法来讨论系统的分岔周期解，但是对于 Hopfield 神经网络模型，由于其应用已经广泛渗透到生物学、物理学、地质学等诸多领域，并在智能控制、模式识别、非线性优化等方面获得了非常多的应用，所以进一步深入讨论这种实际应用非常广泛的神经网络模型的动力学行为是非常有意义的。

第 8 章对具有惯性项的时滞 BAM 神经网络的脉冲控制方法进行研究。首先引入二阶惯性项的概念，提出具有惯性项的 BAM 神经网络模型。在此基础上，根据 Lyapunov 函数法以及脉冲比较法对该模型的稳定性进行分析，设计有效的能够稳定该时滞惯性 BAM 神经网络的脉冲控制器。

第 9 章分析时滞惯性 BAM 神经网络指数稳定状态下如何进行周期间歇控制。主要方法是利用 Lyapunov 函数和线性矩阵不等式技术，设计周期间歇控制条件来实现惯性 BAM 神经网络的稳定性。

本书的编写工作得到了重庆邮电大学出版基金、重庆市重点研发项目"物联控制集成技术在汽车行业智能座舱系统上的研究及应用"（cstc2017zdcy-zdyfx0091）、重庆市人工智能技术创新重大主题专项重点研发项目"面向自动驾驶的智能感知技术研发及应用"（cstc2017rgzn-zdyfx0022）的资助，在此表示感谢。

感谢博士生导师廖晓峰教授，是廖老师把本人引入了神经网络动力学行为研究领域，本人从廖老师那里学到了严谨的治学态度和孜孜不倦的学习精神，多年来，廖老师一直关心和支持本人的成长，本人的每一个进步都离不开老师的帮助。对于恩师，本人从内心深处感谢他，祝他幸福健康。也感谢师兄李传东教授在本人的研究工作和本书写作过程中所给予的支持和帮助，感谢亓江涛博士和张伟博士在本书撰写工作中付出的努力。

在本书的编写过程中，许多硕士生为本书的初稿撰写做了大量的工作，同时本书参考了很多国内外同行专家和学者的论文，在此一并表示感谢。

由于作者学术水平及能力有限，书中疏漏与不足之处难以避免，敬请读者批评指正。

刘群

2018 年 7 月于重庆

目　　录

第1章 绪 论

1.1 人工神经网络概述

在过去的两个世纪，为探索人脑的运行原理和工作机制，众多不同领域的研究学者尝试从不同的角度对其进行深入的研究和探索。神经生理学与解剖学的科学家研究发现，人类大脑神经系统是由 100 亿到 1000 亿个神经元、细胞和触点等相互连接所构成的一个非常复杂和庞大的信息处理系统。这些神经元之间通过神经突触相互连接，协同合作，共同对人体所接收到的信息进行处理、传输和反馈，同时实现人体与外环境的交流，帮助生物进行思考和行动。神经系统的动力学行为表征了人的认知活动，如感知、学习、联想、记忆、识别和推理等智能行为。为了更深入地探索人脑的运行原理和工作机制，模仿人脑的神经网络特性进行信息处理，科学家提出了"人工神经网络"的概念。

1.1.1 人工神经网络发展

人工神经网络以人脑的生理结构为基础，通过对神经元的抽象，建立简单的模型，再模拟神经突触的相互连接形式，并按不同的连接方式将人工神经元组成一种网络模型。这种模拟出的网络模型，是由大量的神经元节点(图 1.1)及其之间的突触相互连接而成的。每一个神经元节点都代表一种特定的响应函数 $f(\bullet)$，简称激活函数。每两个神经元节点之间的连接都有表示连接强度的权值 w_{ij}，简称连接权重。整个神经网络的输出取决于该网络的拓扑结构、连接权重以及激活函数。图 1.2 为典型的神经网络拓扑结构。其中，由 n 个神经元构成输入层，一般用 $x_i(i=1,2,\cdots,n)$ 代表第 i 个神经元的信息输入；隐含层由 p 个神经元组成；而 q 个节点构成输出层，通常用 $y_k(k=1,2,\cdots,q)$ 表示整个神经网络的第 k 个信息输出。不失一般性，当每个神经网络拥有 m 个隐含层，每个隐含层都有 p 个神经元时，该网络结构可以记为 (n,m,p,q)。

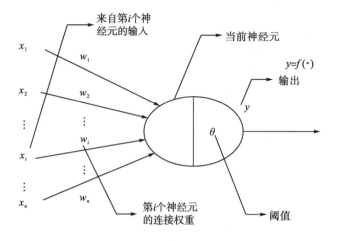

图 1.1 神经元

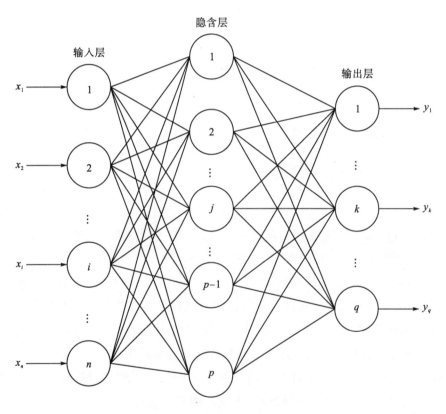

图 1.2 典型的神经网络拓扑结构

人工神经网络是一门涉及计算机科学、数学、物理学、心理学、生物学等众多不同方向的交叉学科，它的发展可以追溯到 20 世纪。最早在 1943 年，心理学家 W. S. Mcculloch 和数理逻辑学家 W. Pitts 根据神经元基本特性首次提出了神经元的一种数学模型，即 M-P 模型，M-P 模型作为神经网络研究方向的模型基础被一直沿用至今。1949 年，心理学家 D. O. Hebb 研究发现神经元之间的连接突触是可变的，在同一时间被激发的神经元之间的联系会被强化，相反，如果两个神经元总是不能同步激发，那么它们之间的联系将会越来越弱，据此他提出了著名的 Hebb 学习算法，从而开启了对神经网络学习算法的研究热潮。紧接着在 1957 年，计算机科学家 F. Rosenblat 提出了著名的感知机模型，但是在 1969 年，人工智能学者 M. L. Minsky 和 S. Papert 出版了 *Perceptron* 一书，从理论上证明单层感知机的能力有限，如无法解决异或问题，而且对于更复杂多层网络的感知能力明显不足。在此后的 10 年中，神经网络研究进入发展萧条期。1982 年，美国物理学家 Hopfield 提出了一种新的 Hopfield 神经网络模型[1]，并且在 1984 年用电子电路实现了对这类神经网络模型的模拟，从而为此后神经网络的工程应用奠定了强有力的基础[2]。众多研究人员基于 Hopfield 提出的方法对神经网络进行了更为深入和广泛的研究，并一直持续到现在。

1.1.2 人工神经网络动力学行为研究概述

人工神经网络是根据人脑的运行原理、工作机制，借助大量的电路器件，如电感、电阻、电容等电路元件连接而成的类似人类大脑的复杂的多级系统，由于人工神经元具有激活与抑制两种不同的状态,神经网络表现出非线性等特性。并且网络各级层次上的电路元件具有不同的非线性特性,不同层次之间表现出"突现性质"，因此人工神经网络具有非常复杂的动力学行为。由于人工神经网络是生物神经网络的数学模型，是对生物神经网络的抽象，所以对神经系统动力学行为的深入研究有助于更好地理解智能行为的产生机制,一方面可以进一步认识和理解生物神经网络的内在机理,另一方面可以利用人工神经网络来开发智能应用系统。例如，在联想记忆、优化计算和模式识别等许多领域中，神经网络的动力学行为都直接影响其应用。在过去的二十多年的时间里，神经网络的动力学问题得到了深入的研究。实际上人工神经网络的应用高度，很大程度上取决于对其动力学行为的了解。只有更加深入地了解其复杂的动力学行为，才能更好地设计、改良人工神经网络，并将其广泛地应用到各个不同领域。

人工神经网络模型相对于其他网络模型，具有如下特点和优越性：

第一，具有自主学习的能力。它通过对输入信息进行分类学习，调整节点之间的连接权重，从而达到认知的目的。即使输入的信息不准确、不完整，它依然能够得出正确的结果。

第二，联想存储。其信息不是存储在存储器中，而是存储在神经元之间的网络中，因而即使某一部分节点失效或断裂，它仍然具有重新构造的能力。

第三，快速解决优化功能。当面临复杂的优化问题时，仅靠人力条件去寻找问题的优化解是不可能的。但是人工神经网络能够快速准确地处理信息，且对信息的处理是在大量的信息单元中并行且有层次地进行的，具备并行计算的机制，所以通过人工神经网络寻找优化解是一种比较快速可行的解决办法。

以上特点使得人工神经网络在某些方面要优于传统的计算机，从而被借鉴到许多其他应用领域，如信号处理、图像处理、模式识别、机器人控制、自动控制、优化求解以及数据挖掘等[3-6]。

尽管人工神经网络在许多重要的领域都得到了实际的有效应用，然而仍然有众多问题需要更加深入的研究。由于神经网络模型是一类非常复杂的非线性动力学模型，其动力学行为也是非常复杂的，所以为设计更加完善、性能更优越的神经网络模型，对其内在的动力学行为研究是必不可少的。

神经网络的内在动力学行为如分岔和混沌的研究也取得了大量且有意义的研究成果，作为一类特殊的动力学系统模型，由于其本身的复杂性，传统动力学系统的理论结果无法直接推广到神经网络，只能借助动力学理论对神经网络进行全新的分析。因此，对人工神经网络动力学行为的研究，不仅要考虑其特有的结构特点，因地制宜地借鉴动力学理论对其进行分析，更需要在研究人工神经网络动力学过程中进一步改良、优化甚至提出新的动力学理论方法，从而深化整个研究过程。

1.2 时滞神经网络研究概述

人工神经网络的动力学行为研究从早期 Hopfield 提出的著名的 Hopfield 模型开始[2]，研究人员就提出了许多有意义的方法。通常研究人员总是围绕 Hopfield 模型这一自治常微分方程形式展开讨论：

$$\frac{\mathrm{d}x_i(t)}{\mathrm{d}t} = -x_i(t) + \sum_{j=1}^{n} a_{ij} f_j(c_j x_j(t)) + I_i, \qquad i = 1, 2, \cdots, n \qquad (1.1)$$

上述模型实现的是一种神经元相互之间即时响应和通信的假设,但是在实际的电路模拟实现中,放大器有限的开关速度会带来时间的延迟。实际上在生物神经网络中也有不同表现形式的时滞,如细胞时滞、传输时滞和轴突时滞[7,8]。因此,研究人员将时滞引入传统的神经网络模型,如 Hopfield 神经网络(HNN)模型、细胞神经网络(CNN)模型、双向联想记忆神经网络(BAMNN)模型和 Cohen-Grossberg 神经网络(CGNN)模型等,从而得到了相应的时滞神经网络模型,并对其各种动力学行为进行了深入的研究[9-13]。

实践证实,时滞的客观存在性说明以往的建模都是不精确的,时滞会对人工神经网络电路的稳定性带来非常大的影响,它会引起振荡或其他不稳定现象甚至带来混沌行为。然而,大量的问题用传统的动力学理论无法解决,因此需要动力学理论进一步的发展。从相关的文献来看,所讨论的时滞往往都从两个角度来进行划分,一个是有限时滞和无穷时滞,另一个是分布时滞和离散时滞。有限时滞可以分为常量时滞和时变时滞,虽然在建模中采用有限时滞反馈可以对一些小型的电路进行较好的模拟,但是由于在实际生物神经网络模型中存在大量的并行旁路以及各种不同长度和大小的轴突,造成空间上的扩展,使得信号传输不可能在瞬间完成,因此如果仅用有限时滞或无穷时滞来建模是不可行的,较精确的模型应该同时含有有限时滞和无穷时滞[14-20]。另外,从目前大多数时滞神经网络模型的研究成果来看,其讨论大多集中在对离散或常量的时滞上,换言之,就是这些模型都是假设建立在不管系统随时间如何变化,信息从一个神经元传导到另一个神经元都是经过固定时间到达,而且神经元所产生的动作也是在接收信息的瞬时就能够发生,这种基于离散时滞的模型不能准确描述生物神经网络的特点,因为它忽略了在生物神经网络中神经元可能会受到以往所接收的信息造成的混合记忆出现的可能性。为了克服以上缺点,基于分布时滞的模型在文献[16]和[20]中就已经开始研究,并且不仅被应用于人工神经网络模型中,而且被应用在生物学、经济学等领域的模型中[21-23]。

1.2.1　时滞神经网络的稳定性研究

俄罗斯数学家 Lyapunov 提出的稳定性一般理论引起了全世界数学研究者

的关注和科学家的认同。著名数学家 Lasalle 评价说："稳定性理论引起了全球数学家的关注，其中 Lyapunov 稳定性方法得到了工程师的广泛赞赏，其在美国已成为控制论方面工程师进行训练的一个重要评判标准。"苏联数学家马尔金①和控制理论先驱列托夫②在他们出版的书中提到："不管现代控制以何种方法来描述，总是以 Lyapunov 稳定性理论为坚实的基础。"Hopfield 在他提出的 Hopfield 神经网络中成功地运用 Lyapunov 稳定性理论证明了网络的稳定性。随后不同类型神经网络模型的稳定性都通过 Lyapunov 稳定性理论得到了证明，例如，Marcus 等研究了模拟时滞神经网络的稳定性[24]；Wang 等利用 Lyapunov 稳定性理论对带有混合时滞的随机 Cohen-Grossberg 神经网络的稳定性进行了分析和研究[25]；东南大学的 Cao 等利用 Lyapunov 控制理论构建能量函数对时滞 BAM 神经网络的指数稳定和周期振荡解进行了研究[26]。

2000 年后神经网络又迎来了一次发展黄金期，通过对时滞的引入，大量研究者对神经网络的稳定性进行了研究[27-41]，尽管都是以 Lyapunov 稳定性理论为基础[42]，但是得到的稳定性条件一般可划分为四种，即系数矩阵的范数不等式[28-30]、线性矩阵不等式[31-33]、参数的代数不等式[34, 39]及矩阵不等式等[40, 41]。这些稳定性条件又分为依赖时滞和不依赖时滞两种。研究初期，大部分研究所得到的条件基本都是与时滞无关的稳定性条件；重庆大学廖晓峰教授通过对时滞 Hopfield 神经网络稳定性条件的深入探讨[43-46]，得到了依赖时滞的稳定性条件。

大多数人工神经网络的稳定性分析都比较集中于讨论单稳定性方面。单稳定性研究主要是指在网络的整个运行过程中只具有唯一的、全局渐近稳定的平衡点，其研究范围也仅限于这种平衡态，研究网络模型解轨迹的收敛情况。到目前为止，人工神经网络的单稳定性研究成果也得到了很好的应用，例如，在解决某些优化计算问题上,究其原因是较广泛存在的实际应用背景的驱使以及单稳定性研究的简单性，因为它可以直接利用非线性动力系统中比较成熟的 Lyapunov 稳定性方法。当然，如果求解的优化问题具有唯一解，那么其单稳定性性质非常有用且十分理想，但是单稳定性的人工神经网络在计算能力上是有限的，即使在计算问题优化中，当模型具有多个解时，它就无能为力，而且

---

① Malkin I G. Theory of Stability of Motion[M]. Moscow：Nauka，1966(in Russian).
② Letov A M. Stability of Nonlinear Regularized Systems[M]. Moscow：Gostekhizdat 1955(in Russian).

无法适用于解决类似决策等重要的神经计算问题[47, 48]。同样,在生物神经网络中,单稳定性其实也是一种十分特殊的动力学行为。因此,人工神经网络的多稳定性分析(multistability analysis)由于具有更为强大的计算能力,不仅能够处理许多类似于决策等重要的神经计算问题,而且在联想记忆、模式识别、组合优化、信号处理、信号检测和数据挖掘中的聚类和分类等问题中都有重要应用。另外,多稳定性的人工神经网络更接近生物神经网络,其研究更能进一步揭示生物神经网络的内在本质。

近年来,科学工作者相继提出了许多具有重要意义的人工神经网络模型,这些模型大多涉及多稳定性分析。其中 Salinas 教授[49]提出了与背景相关的回复式神经网络模型,该模型可以很好地解释背景对神经元活动的影响。典型的例子是:当一个驾驶员行驶到十字路口时,如果遇到红灯,他会立刻踩刹车,但是,如果在电影院里见到同样的红灯,其反应是完全不同的。显然神经元的活动受背景的影响。Salinas 教授利用数值模拟,并结合分析,揭示了这一模型的一些多稳定性性质。Salinas 教授提出的回复式神经网络模型是非常有意义的,对其多稳定性的深入研究必能进一步揭示神经网络的一些重要性质。其相关模型描述如下:

$$\tau \frac{\mathrm{d}r_i}{\mathrm{d}t} = -r_i + \frac{(\sum_j w_{ij} r_j + h_i)^2}{s + v \sum_{j \neq i} r_j^2}, \quad i = 1, 2, \cdots, n \tag{1.2}$$

其中,r_i 和 r_j 是神经元 i 的放电速率;τ 是一个时间常数;s 是饱和常数;h_i 是一个背景参数,它描述的是外部的刺激输入,其值取决于网络的行为,相邻神经元 j 可以通过突触连接权重 w_{ij} 直接刺激神经元 i 放电,也可以通过突触连接强度 v 减少神经元 i 获得的电位。简单起见,模型中描述的突触连接权重均为常数。

1.2.2 时滞神经网络的分岔与混沌研究概述

人工神经网络是一个复杂的非线性动力学系统,其动力学行为特征不仅表现为稳定,而且表现为振荡分岔和混沌等。在目前的研究中,主要采用动力学系统理论、非线性分析理论和统计理论来分析神经网络的动力学行为属性。稳定性(stability)、振荡(oscillation)和混沌(chaos)并不是三个独立的现象,通常它们是相互联系的。

振荡是生物神经网络中一种普遍存在的现象[50]。神经元的振荡现象与神经网络的输入选择、神经元间连接的可塑性、时间的表达、长时记忆以及神经元集成等都有联系[51]。混沌是神经网络动力学研究的另一个方面，主要应用在混沌控制和保密通信等领域[52, 53]。

1. 分岔现象的研究概述

从生物学的角度看，一个包含许多相互作用的神经元的动力学系统更多表现的是吸引子而不是不动点或稳定点。从 20 世纪 90 年代起，许多研究人员致力于各种神经网络模型动力学行为持续振荡的研究，这些方法和理论被用在对音乐或者多足动物奔跑的时间序列进行识别等领域[7]。分岔(bifurcation)是与振荡现象密切相关的，对分岔的研究可以使人们更好地解释现实世界中的一些现象，如互联网、电网、生物神经网络为什么对参数敏感，另外可以在掌握分岔现象的同时，利用比较成熟的分岔控制理论将现实世界中的一些网络控制到人们所期望的有利状态[54, 55]。

众所周知，对引入时滞的神经网络模型，分析它的动力学行为通常采用的方法是 Hassard 等提出的规范型和中心流形理论[56]，也可以采用频域法解决[17]。这方面的研究从 20 世纪 90 年代开始已经有了很多的成果，但是涉及神经网络模型带有外部随时间变化的激励或者其模型中的各个参数也是时变参数的研究还比较少，而实验证明哺乳动物的视觉皮层在受到周期性的外部刺激之后会产生同步振荡的反应[57]，因此对于带有外部激励的神经网络模型，动力学行为的研究是有用和有意义的。然而，对于这种模型，如果还是采用以往使用的规范型和中心流形理论等方法是不行的，原因在于以往所讨论的各种带有时滞的模型都是不含时间的，在动力学的分岔理论中把它称为自治系统分岔，而后者由于引入了含时间的外部激励，属于非自治系统分岔。

2. 混沌现象的研究概述

从牛顿(Newton)力学创立时起，人们就坚信：对一个确定性动力学系统施加确定性的输入，该系统的输出一定是确定的，这就是拉普拉斯(Laplace)的确定论思想。如果是线性系统，这一理论是正确的，但对于非线性系统，则可能出现一种无法精确重复、貌似随机的运动，称为混沌。早在 1892 年，法国学者庞加莱(H. Poincare)在研究三体问题时就发现，系统在某类鞍型不动点附近具有不寻常的运动，无法精确求解，这实际上就是一种混沌行为。由此很多科学家在许多不同领域都提出并研究了不同系统的混沌现象。下面给出几个非常著名的混沌系统的实例。

1)洛伦兹系统

1963 年，美国科学家洛伦兹(Lorenz)在其著名论文《决定论非周期流》中研究了由气象预报抽象出的伯纳德对流问题，其系统模型如下：

$$\begin{bmatrix} \dot{x} \\ \dot{y} \\ \dot{z} \end{bmatrix} = \begin{bmatrix} -\alpha & \alpha & 0 \\ \gamma & -1 & 0 \\ 0 & 0 & -\beta \end{bmatrix} \begin{bmatrix} x \\ y \\ z \end{bmatrix} + \begin{bmatrix} 0 \\ -xz \\ xy \end{bmatrix} \tag{1.3}$$

当系统参数取 $\alpha = 10$、$\beta = \dfrac{8}{3}$、$\gamma = 28$ 时，系统自任意初始状态出发的相轨线呈蝴蝶形态，既不重复也无规律。图 1.3 就是系统模型(1.3)在上述参数下的混沌相图。

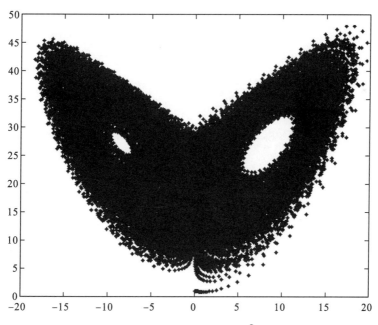

图 1.3　系统模型(1.3)在参数 $\alpha = 10$、$\beta = \dfrac{8}{3}$、$\gamma = 28$ 时的混沌相图

2) 赫农映射

1964 年，法国天文学家米歇尔·赫农 (M. Henon) 提出了如下映射，称为赫农映射：

$$\begin{cases} z_{n+1} = 1 + by_n - ax_n^2 \\ y_{n+1} = z_n \end{cases} \tag{1.4}$$

当模型在 $b = 0.3$、$a = 1.4$ 时，系统的运动轨道在相空间中的分布显得越来越随机，这实际上就是一种最简单的混沌现象，如图 1.4 所示。

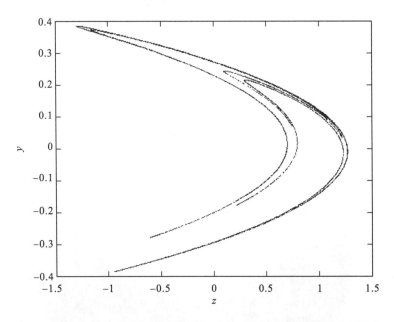

图 1.4　系统模型 (1.4) 在参数 $b = 0.3$、$a = 1.4$ 时的庞加莱映射图

3) Logistic 映射

1976 年，美国数学生态学家梅 (May) 在《自然》(*Nature*) 杂志上发表了题为《具有极复杂的动力学的简单数学模型》的著名文章，提出了生态学中的一些非常简单的却具有极为复杂的动力学行为的数学模型。他以著名的 Logistic 映射 (也称为人口/虫口模型) 为例，展示了这——维映射的复杂动力学行为。其模型如下：

$$x_{n+1} = \lambda x_n (1 - x_n) \tag{1.5}$$

其中，x_n 的变化范围为 $[0,1]$，而参量 λ 的变化范围是 $(3,4)$。图 1.5 就是 Logistic 混沌现象。

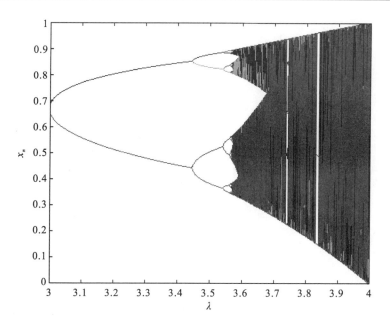

图 1.5　系统模型 (1.5) 的分岔图

4）Liao 神经系统

Gopalsamy 等[58]首先研究了一组标量自治时滞微分方程，如下所示：

$$\frac{\mathrm{d}x(t)}{\mathrm{d}t} = -x(t) + a\tanh\big(x(t) - bx(t-\tau) - c\big)$$

$$\frac{\mathrm{d}x(t)}{\mathrm{d}t} = -x(t) + a\tanh\Big(x(t) - b\int_0^t k(s)x(t-s)\mathrm{d}s - c\Big)$$

$$\frac{\mathrm{d}x(t)}{\mathrm{d}t} = -x(t) + a\tanh\Big(x(t) - b\int_0^\infty k(s)x(t-s)\mathrm{d}s - c\Big)$$

并在 $f(x) = \tanh(x)$ 且 $a=1$ 的条件下，分析了系统的稳定性。Liao 等[18]继续研究了这个模型，将其中的激活函数定义为一个任意非线性函数，模型如下：

$$\dot{x}(t) = -\alpha x(t) + af\big(x(t) - bx(t-\tau) + c\big) \tag{1.6}$$

其中，$f \in \mathbf{C}^{(1)}$ 是一个非线性函数，满足 $\sup|f'(x)| < \infty$；常数时滞 $\tau > 0$ 称为系统时滞；a、b 和 c 是系统参数。彭军等[59]进一步证明了当

$$f(x) = \sum_{i=1}^{2} a_i\big[\arctan(x+k_i) - \arctan(x-k_i)\big] \tag{1.7}$$

时，选取适当的参数和时滞，系统模型具有混沌行为。当所选取的参数值为

$\alpha = 1$、$a = 3$、$b = 4.5$、$c = 0$、$a_1 = 2$、$a_2 = -1.5$、$k_1 = 1$、$k_2 = \dfrac{4}{3}$ 时，系统模型出现混沌现象。图 1.6 分别描述了时延 τ 是 1、2、3、4 时的系统混沌相图。

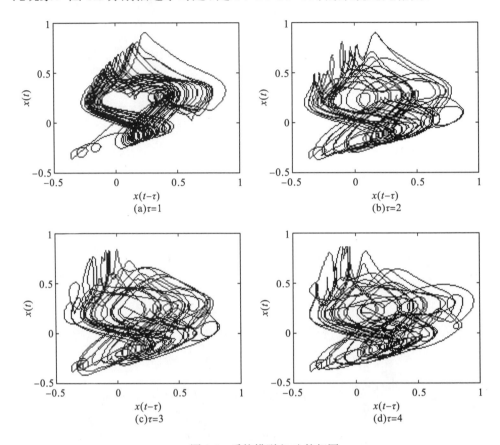

图 1.6　系统模型 (1.7) 的相图

5) Chen 系统

Chen 吸引子是陈关荣等于 2003 年发现的[60]，它也是一个三维常微分系统，但具有比洛伦兹系统更复杂的动力学行为。Chen 吸引子的方程如下：

$$\begin{cases} \dot{x} = a(y - x) \\ \dot{y} = (c - a)x - xz + cy \\ \dot{z} = xy - bz \end{cases} \tag{1.8}$$

其中，$a = 35$，$b = 3$，$c = 28$。在这样的一组参数下，整个系统二维和三维情形下的相图都处于一种不稳定的有界定常运动，即局限于有限区域且轨道永不重复的混沌运动，如图 1.7 所示。

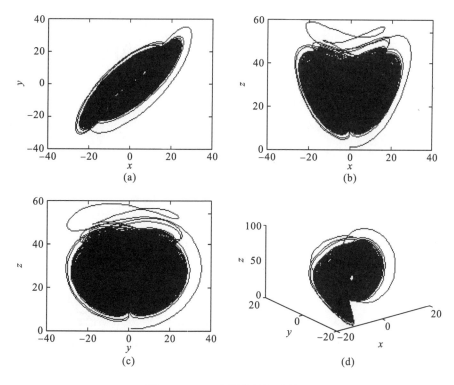

图 1.7　Chen 系统模型 (1.8) 的吸引子

　　实际上，在生物神经网络中，混沌表现为一种非常复杂的现象。早期，格瓦拉 (Guevara) 等认为失眠、癫痫等疾病可能与神经系统的混沌有关[61]。后来，斯卡达 (Skarda) 和弗里曼 (Freeman) 认为混沌构成神经活动集合 (包括所有的感知过程和功能) 的基本形式，是一种噪声源控制，是确保持续获得以前学到的感官模式的一种方法，并且是学习新的感官模式的手段[62]。显然，混沌现象是生物神经网络中必不可少的部分，而人工神经网络本身就是生物神经网络的模拟，因而对它的混沌研究也是十分必要的。目前，对于人工神经网络模型中混沌现象的研究，主要采用已有的混沌理论，证明混沌的存在并获取混沌发生的条件。

1.3　时滞惯性神经网络概述

　　目前大部分研究的神经网络模型仅具有系统状态的一阶导数项，而对于更广泛的形式，当将电感的作用应用到人工神经网络中时，需要相应地引入惯性项到网络模型中,从而产生惯性神经网络模型。由于同时具有系统状态向量的一阶和二阶导数项,惯性神经网络相较于传统的递归神经网络具有更加复杂的动力学特性[44, 45, 63]。在文献[44]中,作者引入惯性项到单个时滞神经元模型中,并得到了明显的混沌及分岔行为。其模型可以描述为

$$\ddot{x} = a\dot{x} - bx + cf(x - hx(t-\tau)) \tag{1.9}$$

其中,二阶导数 $\ddot{x}$ 为惯性项。文献[63]中,作者引入惯性项至 Hopfield 系统模型中,发现了混沌行为现象。其系统模型可以描述为

$$\begin{cases} \ddot{x}_1 = -a_{11}\dot{x}_1 - a_{12}x_1 + a_{13}\tanh(x_1) + a_{14}\tanh(x_2) \\ \ddot{x}_2 = -b_{11}\dot{x}_2 - b_{12}x_2 + b_{13}\tanh(x_1) + b_{14}\tanh(x_2) \end{cases} \tag{1.10}$$

将惯性项引入神经网络中不仅是神经网络用以产生分岔和混沌的工具,而且具有明显的生物学背景[64-66],因此对这类具有惯性项的时滞神经网络的动力学行为进行分析具有重要的理论与实际意义。例如,文献[67]~[72]中对多种类型的具有惯性项的时滞递归神经网络进行了稳定性分析,并得到了许多新奇的结果。然而,目前关于此类具有惯性项的时滞神经网路研究还处于起步阶段。

1.4　时滞脉冲神经网络概述

在现实世界中,当许多实际的工程与系统遭受到瞬时的外界扰动时,系统的状态会在某一时刻发生突变,称这种瞬时扰动下系统状态突变的行为为脉冲现象。众所周知,脉冲广泛地存在于大自然中且不可避免,如生态学中的种群繁衍、金融市场资金的变化、数字通信系统以及生物神经网络等都存在脉冲现象。在这些过程中,系统的状态会出现脉冲形式的突变,因而不能简单地用连续的模型或单纯的离散模型来描述。早在 20 世纪 50 年代,脉冲系统就被提出来描述一类特殊的演化过程[73]。同样,在生物神经网络中,神经元具有脉冲发放特性是一个不争的事实[49],因此具有脉冲发放特性的人工神经网络模型应该更接近生物神经网络,对脉冲神经网络的稳定性研究就显得尤为重要。

脉冲系统的数学形式可以描述为如下脉冲微分方程:

$$\begin{cases} \dot{x} = f(t,x), & t \neq t_k \\ \Delta x(t) = J_k(x), & t = t_k, k = 1, 2, \cdots \\ x(t_0) = x_0, & t_0 \geqslant 0 \end{cases} \tag{1.11}$$

不失一般性，假设此系统在脉冲时刻为右连续，即 $x(t_k) = x(t_k^+)$ 。其中，$f : \mathbf{R}_+ \times \mathbf{R}^n \to \mathbf{R}^n$ 为连续函数；$x \in \mathbf{R}^n$ 为系统的状态变量；$\{t_k\}$ 为单调递增的脉冲时刻，满足 $0 \leqslant t_0 < t_1 < t_2 < \cdots < t_k < t_{k+1} < \cdots$ 且 $\lim\limits_{k \to \infty} t_k \to \infty$；$J_k(x) = \Delta x |_{t=t_k} = x(t_k^+) - x(t_k^-)$ 表示系统的状态变量在 t_k 时刻发生跳跃，$x(t_k^+) = \lim\limits_{t \to t_k^+} x(t)$，$x(t_k^-) = \lim\limits_{t \to t_k^-} x(t)$。

20 世纪 60 年代，脉冲微分的非线性系统理论研究开始掀起，随后脉冲控制在微分系统和差分系统中成功应用，这使得研究者对时滞脉冲系统产生了浓厚的研究兴趣，但是因为时滞脉冲系统的状态是不连续的，所以就不能直接将 Lyapunov 函数或者泛函方法的稳定性理论直接移植到脉冲微分系统中，而且不同形式的脉冲对系统的影响是不同的。进一步，时滞和脉冲对系统的动力学往往是混合作用的，因此，时滞脉冲系统的稳定性理论得到众多研究人员的关注。常用的时滞脉冲非线性系统的微分模型如下：

$$\begin{cases} \dot{x} = f(t, x(t), x(t - \tau(t))), \ t \in [t_{k-1}, t_k) \\ \Delta x(t_k) = J_k(t_k^-, x(t_k^-)), \quad t = t_k, k = 1, 2, \cdots \\ x(t_0) = \phi(t) \in ([-\tau, 0], \mathbf{R}^n) \end{cases} \tag{1.12}$$

其中，$\{t_k\}$ 表示脉冲时刻的集合，满足脉冲时间序列 $\{t_1, t_2, \cdots\}$ 是严格单调递增的，脉冲瞬时满足 $\lim\limits_{k \to \infty} t_k = +\infty$，$x(t_k) = x(t_k^+) = \lim\limits_{t \to t_k^+} x(t)$ 和 $x(t_k^-) = \lim\limits_{t \to t_k^-} x(t)$。

由此可知，脉冲控制系统通常由三部分组成：①连续时间的微分方程，描述在无脉冲作用时系统的运动形式；②一个差分方程，用以描述在脉冲时刻系统状态变量的跳跃行为；③脉冲发生的时刻。因此，对于脉冲控制系统的研究必须同时考虑连续系统以及脉冲的作用。由于脉冲系统同时存在于连续系统与不连续系统，所以脉冲系统呈现出非常复杂的动力学行为。

近些年，时滞脉冲非线性微分系统的研究主要有以下几个特点:脉冲形式的不同，时滞系统和脉冲系统的研究方法不同，如 Lyapunov-Razumikhin 函数方法[74]、Lyapunov 泛函方法[75]、Razumikhin 方法[76]。脉冲控制下微分系统的动力学性质不断扩展，人们不再仅仅单纯地研究系统的稳定性，还包括分叉混沌等现象。以时滞脉冲 Cohen-Groosberg 神经网络模型为例，其在脉冲控制下的系统模型可描述为

$$\begin{cases} \dfrac{\mathrm{d}x_i(t)}{\mathrm{d}t} = \alpha_i(x_i(t))[-h_i(t,x_i(t)) + \sum_{j=1}^{n} a_{ij}(t)f_j(x_j(t)) \\ \qquad + \sum_{j=1}^{n} b_{ij}(t)f_j(x_j(t-\tau(t))) + I_i], \quad t \geqslant t_0, t \neq t_k \\ x_i(t_0+s) = \phi_i(s), \qquad s \in [-\tau, 0] \end{cases} \tag{1.13}$$

脉冲控制器为

$$x_i(t_k) = J_{ik}(t_k, x_i(t_k^-)), \quad k \in \mathbf{R}_+, i \in \aleph. \tag{1.14}$$

其中，$\aleph = \{1, 2, \cdots, n\}, \phi_i \in \mathrm{PCB}_-$，脉冲时刻 t_k 满足 $0 < t_0 < t_1 < \cdots < t_k < \cdots$，$\lim\limits_{k \to +\infty} t_k = +\infty$，$x_i(t)$ 表示第 i 个神经元在时刻 t 的状态，$n \geqslant 2$ 代表此神经网络中神经元的个数，$\alpha_i(\cdot)$ 是放大函数，$h_i(\cdot)$ 为调节函数，a_{ij}、b_{ij} 表示连接权重，f_j 表示神经元的激活函数，I_i 表示在时刻 t 神经元接收到的外部输入，$\tau(t)$ 表示时变传输时滞，满足 $0 < \tau(t) < \tau$，其中 τ 是常数，J_{ik} 表示第 i 个神经元在时刻 t_k 收到的脉冲扰动。

本书讨论的主要是时滞惯性神经网络在添加了脉冲控制和周期间歇控制后的稳定性分析问题。

参 考 文 献

[1] Hopfield J J. Neural networks and physical systems with emergent collective computational abilities[J]. Proceedings of the National Academy of Sciences of the United State of America，1982，79(8)：2554-2558.

[2] Hopfield J J. Neurons with graded response have collective computational properties like those of two-state neurons[J]. Proceedings of the National Academy of Sciences of the United State of America，1984，81(10)：3088-3092.

[3] Plaza J，Plaza A，Perez R，et al. On the use of small training sets for neural network-based characterization of mixed pixels in remotely sensed hyperspectral images[J]. Pattern Recognition，2009，42(11)：3032-3045.

[4] Haykin S. Neural Networks：A Comprehensive Foundation[M]. 3rd ed. London：Macmillan Publishing Company，1998.

[5] Zeng Z, Wang J. Design and analysis of high-capacity associative memories based on a class of discrete-time recurrent neural networks[J]. IEEE Transactions on Systems Man & Cybernetics Part B，2008，38(6)：1525-1536.

[6] Amari S I, Cichocki A. Adaptive blind signal processing-neural network approaches[J]. Proceedings of the IEEE，1998，86(10)：2026-2048.

[7] Gopalsamy K，Leung I. Delay induced periodicity in a neural netlet of excitation and inhibition[J]. Physica D：Nonlinear phenomena，1996，89(3)：395-426.

[8] Kleinfeld D，Sompolinsky H. Associative neural network model for the generation of temporal patterns：theory and application to central pattern generators[J]. Biophysical Journal，2015，54(6)：1039-1051.

[9] Gopalsamy K. Stability and Oscillations in Delay Differential Equations of Population Dynamics[M]. Berlin: Springer, 1992.

[10] Gopalsamy K, He X Z. Stability in asymmetric Hopfield nets with transmission delays[J]. Physica D: Nonlinear Phenomena, 1994, 76(4): 344-358.

[11] Gopalsamy K, He X Z. Delay-independent stability in bidirectional associative memory networks[J]. IEEE Transactions on Neural Networks, 1994, 5(6): 998-1002.

[12] Li C, Chen L N, Aihara K. Stability of genetic networks with SUM regulatory Logic: Lure' system and LMI approach[J]. IEEE Transactions on Circuits & Systems I Regular Papers, 2006, 53(11): 2451-2458.

[13] Li C G, Liao X F. Passivity analysis of neural networks with time delay[J]. IEEE Transactions on Circuits & Systems II Express Briefs, 2005, 52(8): 471-475.

[14] Liao X F, Wong K W, Wu Z F. Asymptotic stability criteria for a two-neuron network with different time delays[J]. IEEE Transactions on Neural Networks, 2003, 14(1): 222-227.

[15] Liao X, Wong K W, Yu J. Novel stability conditions for cellular neural networks with time delay[J]. International Journal of Bifurcation and Chaos, 2001, 11(7): 1853-1864.

[16] Liao X, Chen G. Hopf bifurcation and chaos analysis of Chen's system with distributed delays[J]. Chaos, Solitons & Fractals, 2005, 25(1): 197-220.

[17] Liao X, Li S, Chen G. Bifurcation analysis on a two-neuron system with distributed delays in the frequency domain[J]. Neural Networks, 2004, 17(4): 545-561.

[18] Liao X, Li C, Wong K W. Criteria for exponential stability of Cohen-Grossberg neural networks[J]. Neural Networks, 2004, 17(10): 1401-1414.

[19] Liao X, Wong K W. Robust stability of interval bidirectional associative memory neural network with time delays[J]. IEEE Transactions on Systems Man and Cybernetics, Part B (Cybernetics), 2004, 34(2): 1142-1154.

[20] Liao X, Wong K W, Wu Z. Bifurcation analysis on a two-neuron system with distributed delays[J]. Physica D: Nonlinear Phenomena, 2001, 149(1-2): 123-141.

[21] Li S, Liao X, Li C. Hopf bifurcation in a Voltera prey-predator model with strong kernel[J]. Chaos Solitons & Fractals, 2004, 22(3): 713-722.

[22] Vries B D, Principe J C. The gamma model—a new neural model for temporal processing[J]. Neural Networks, 1992, 5(4): 565-576.

[23] Tank D W, Hopfield J J. Neural computation by concentrating information in time[J]. Proceedings of the National Academy of Sciences, 1987, 84(7): 1896-1900.

[24] Marcus C M, Westervelt R M. Stability of analog neural networks with delay[J]. Physical Review A General Physics, 1989, 39(1): 347.

[25] Wang Z, Liu Y, Li M, et al. Stability analysis for stochastic Cohen-Grossberg neural networks with mixed time delays[J]. IEEE Transactions on Neural Networks, 2006, 17(3): 814-820.

[26] Cao J, Wang L. Exponential stability and periodic oscillatory solution in BAM networks with delays[J]. IEEE Transactions on Neural Networks, 2002, 13(2): 457-463.

[27] Chen W H, Lu X, Zheng W X. Impulsive stabilization and impulsive synchronization of discrete-time delayed neural networks[J]. IEEE Transactions on Neural Networks and Learning Systems, 2015, 26(4): 734-748.

[28] Cao J, Wang J. Global asymptotic and robust stability of recurrent neural networks with time delays[J]. IEEE Transactions on Circuits and Systems I: Regular Papers, 2005, 52(2): 417-426.

[29] Wang Z, Liu Y, Liu X. On global asymptotic stability of neural networks with discrete and distributed delays[J]. Physics Letters A, 2005, 345(4-6): 299-308.

[30] Liu B. Global exponential stability for BAM neural networks with time-varying delays in the leakage terms[J]. Nonlinear Analysis Real World Applications, 2013, 14(1): 559-566.

[31] Zeng H B, He Y, Wu M, et al. Complete delay-decomposing approach to asymptotic stability for neural networks with time-varying delays[J]. IEEE Transactions on Neural Networks, 2011, 22(5): 806-812.

[32] Hu J, Wang J. Global stability of complex-valued recurrent neural networks with time-delays[J]. IEEE Transactions on Neural Networks & Learning Systems, 2012, 23(6): 853-865.

[33] Faydasicok O, Arik S. Robust stability analysis of a class of neural networks with discrete time delays[J]. Neural Networks, 2012, 29(10): 52-59.

[34] Zhang G, Shen Y, Sun J. Global exponential stability of a class of memristor-based recurrent neural networks with time-varying delays[J]. Neurocomputing, 2012, 97(1): 149-154.

[35] 马润年, 张强, 许进. 离散 Hopfield 神经网络的稳定性研究[J]. 电子学报, 2002, 30(7): 1089-1091.

[36] 钟守铭, 李正良. 通有连续时间神经网络的稳定性[J]. 电子科技大学学报, 1996, 25(1): 92-97.

[37] 宋佐时, 易建强, 赵冬斌, 等. 基于神经网络的一类非线性系统自适应滑模控制[J]. 电机与控制学报, 2005, 9(5): 481-485.

[38] 达飞鹏, 宋文忠. 基于模糊神经网络的滑模控制[J]. 控制理论与应用, 2000, 17(1): 128-132.

[39] Zeng H B, He Y, Wu M, et al. Stability analysis of generalized neural networks with time-varying delays via a new integral inequality[J]. Neurocomputing, 2015, 161: 148-154.

[40] Shi K, Zhu H, Zhong S, et al. Improved delay-dependent stability criteria for neural networks with discrete and distributed time-varying delays using a delay-partitioning approach[J]. Nonlinear Dynamics, 2015, 79(1): 575-592.

[41] Wei L, Chen W H, Huang G. Globally exponential stabilization of neural networks with mixed time delays via impulsive control[J]. Applied Mathematics & Computation, 2015, 260(1): 10-26.

[42] Azbelev N V, Maksimov V P, Rakhmatullina L F. Introduction to the Theory of Functional Differential Equations Methods and Applications[M]. London: Hindawi Publishing Corporation, 2007.

[43] Dong T, Liao X F. Bogdanov-Takens bifurcation in a tri-neuron BAM neural network model with multiple delays[J]. Nonlinear Dynamics, 2013, 71(3): 583-595.

[44] Li C, Chen G, Liao X F, et al. Hopf bifurcation and chaos in a single inertial neuron model with time delay[J]. The European Physical Journal B—Condensed Matter and Complex Systems, 2004, 41(3): 337-343.

[45] Liu Q, Liao X F, Guo S T, et al. Stability of bifurcating periodic solutions for a single delayed inertial neuron model under periodic excitation[J]. Nonlinear Analysis: Real World Applications, 2009, 10(4): 2384-2395.

[46] Dong T, Liao X F, Huang T, et al. Hopf-pitchfork bifurcation in an inertial two-neuron system with time delay[J]. Neurocomputing, 2012, 97(15): 223-232.

[47] Seung H S. Continuous attractors and oculomotor control[J]. Neural Networks, 1998, 11(7-8): 1253-1258.

[48] Seung H S. How the brain keeps the eyes still[J]. Proceedings of the National Academy of Sciences of the United States of America, 1996, 93(23): 13339-13344.

[49] Salinas E. Background synaptic activity as a switch between dynamical states in a network[J]. Neural Computation, 2003, 15(7): 1439-1475.

[50] Vogels T P, Rajan K, Abbortt L F. Neural network dynamics[J]. Annual Review Neuroscience, 2005, 28: 357-376.

[51] Buzsáki G, Draguhn A. Neuronal oscillations in cortical networks[J]. Science, 2004, 304(5679): 1926-1929.

[52] He G, Shrimali M D, Aihara K. Partial state feedback control of chaotic neural network and its application[J]. Physics Letters A, 2007, 371(3): 228-233.

[53] Yu W, Cao J. Cryptography based on delayed chaotic neural networks[J]. Physics Letters A, 2006, 356(4-5): 333-338.

[54] Chen D S, Wang H O, Chen G. Anti-control of Hopf bifurcation[J]. IEEE Transactions on Circuits and Systems—I: Fundamental Theory and Applications, 2001, 48(6): 661-672.

[55] Chen G. Controlling Chaos and Bifurcation in Engineering Systems[M]. Boca Raton: CRC Press, 1999.

[56] Hassard B D, Kazarinoff N D, Wan Y H. Theory and Applications of Hopf Bifurcation Cambridge[M]. Cambridge: Cambridge University Press, 1981.

[57] Gray C M, König P, Engel A K, et al. Oscillatory responses in cat visual cortex exhibit inter-columnar synchronization which reflects global stimulus properties[J]. Nature, 1989, 338(6213): 334-337.

[58] Gopalsamy K, Lueng I. Convergence under dynamical threshold with delays[J]. IEEE Transactions on Neural Networks, 1994, 8(2): 341-348.

[59] 彭军, 廖晓峰, 吴中福, 等. 一个时延混沌系统的耦合同步及其在保密通信中的应用[J]. 计算机研究与发展, 2003, 40(2): 263-268.

[60] 陈关荣, 吕金虎. Lorenz 系统族的动力学分析、控制与同步[M]. 北京: 科学出版社, 2003.

[61] Guevara M R, Glass L, Mackey M C, et al. Chaos in neurobiology[J]. IEEE Transactions on Systems, Man, and Cybernetics, 1983, 13(5): 790-798.

[62] Skarda C A, Freeman W J. How brains make chaos in order to make sense of the world[J]. Behavioral and Brain Sciences, 1987, 10(2): 161-173.

[63] Liu Q, Liao X, Wang G, et al. Research for Hopf bifurcation of an inertial two-neuron system with time delay[C]. International Conference on Granular Computing, 2006: 420-423.

[64] Guo S, Huang L. Hopf bifurcating periodic orbits in a ring of neurons with delays[J]. Physica D: Nonlinear Phenomena, 2003, 183(1-2): 19-44.

[65] Wei J, Ruan S. Stability and bifurcation in a neural network model with two delays[J]. Physica D: Nonlinear Phenomena, 1999, 130(3-4): 255-272.

[66] Giannakopoulos F, Zapp A. Bifurcations in a planar system of differential delay equations modeling neural activity[J]. Physica D: Nonlinear Phenomena, 2001, 159(3-4): 215-232.

[67] Zhang W, Li C, Huang T, et al. Exponential stability of inertial bam neural networks with time-varying delay via periodically intermittent control[J]. Neural Computing & Applications, 2015, 26(7): 1781-1787.

[68] Cao J, Wan Y. Matrix measure strategies for stability and synchronization of inertial BAM neural network with time delays[J]. Neural Networks, 2014, 53: 165-172.

[69] Tu Z, Cao J, Hayat T. Global exponential stability in Lagrange sense for inertial neural networks with time-varying delays[J]. Neurocomputing, 2016, 171(1): 524-531.

[70] Ke Y, Miao C. Stability analysis of inertial Cohen-Grossberg-type neural networks with time delays[J]. Neurocomputing, 2013, 117(1): 196-205.

[71] Qin S, Xu J, Shi X. Convergence analysis for second-order interval Cohen-Grossberg neural networks[J]. Communications in Nonlinear Science and Numerical Simulation, 2014, 19(8): 2747-2757.

[72] Zhou Q, Wan L, Fu H, et al. Pullback attractor for Cohen-Grossberg neural networks with time-varying delays[J]. Neurocomputing, 2016, 171(1): 510-514.

[73] Bainov D D, Simeonov P S. Systems with Impulse Effect: Stability, Theory, and Applications[M]. Horwood: Halsted Press, 1989.

[74] Tang X H, He Z, Yu J S. Stability theorem for delay differential equations with impulses[J]. Journal of Mathematical Analysis & Applications, 1996, 199(1): 162-175.

[75] Shen J, Luo Z, Liu X. Impulsive stabilization of functional differential equation via Lyapunov-Razumikin functions[J]. Journal of Mathematical Analalysis and Application, 1999, 240: 1-5.

[76] Wang Q, Liu X. Exponential stability for impulsive delay differential equations by Razumikhin method[J]. Journal of Mathematical Analysis & Applications, 2005, 309(2): 462-473.

第2章 时滞动力系统研究预备知识

2.1 时滞动力系统稳定性行为预备知识

在工程和其他问题中常需要判断系统的某种暂态运动是否稳定,即当状态变量受到微小的初始扰动后,其受扰运动规律是否仍接近未受扰动时的运动规律。关于平衡点稳定性的研究起源很早,从1644年Torricelli发现系统重心处于最低位置时平衡位置是稳定的开始直到现在,稳定性研究已经渗透到各个科学领域。1892年,Lyapunov奠定了稳定性理论的基础。他给出了稳定性的数学定义,提出了处理稳定性问题的两种方法:第一种方法需要求出扰动运动的解;第二种方法完全是定性的,可直接根据系统的运动微分方程判断,故称为直接法。这种Lyapunov直接法(Lyapunov direct method)不对扰动方程求解,而是构造具有某种性质的函数,即Lyapunov函数(Lyapunov function),使该函数与扰动方程相联系从而估计受扰运动的走向,以此来判断未扰运动的稳定性。Lyapunov直接法是通过以下一系列Lyapunov定理(Lyapunov theorem)给出的[1,2]。

考虑定义在 n 维 Euclid 空间 $\mathbf{R}^n$ 中的区域 U 上的一阶常微分方程[1, 2]:

$$\dot{x} = f(x), \quad x \in U \subset \mathbf{R}^n, t \in \mathbf{R} \tag{2.1}$$

其中, f 为光滑向量函数。

定理 2.1 稳定性定理(stability theorem) 若在原点的一个邻域 U 内存在可微函数 $V(x) > 0$ ($x \neq 0$),且 $V(0) = 0$ 使得沿方程(2.1)解曲线计算的全导数 $\dot{V}(x) \leq 0$ ($x \neq 0$),则系统的未扰运动稳定。

定理 2.2 渐近稳定性定理(asymptotic stability theorem) 若原点的一个邻域 U 内存在可微函数 $V(x) > 0$ ($x \neq 0$),且 $V(0) = 0$ 使得沿方程(2.1)解曲线计算的全导数 $\dot{V}(x) < 0$ ($x \neq 0$),则系统的未扰运动渐近稳定。

定理 2.3 不稳定性定理(instability theorem) 若原点的一个邻域 U 内存在可微函数 $V(x)$ 使得沿方程(2.1)解曲线计算的全导数 $\dot{V}(x) > 0$ ($x \neq 0$),且 $V(0) = 0$ 存在任意靠近原点的点使 $V(x) > 0$,则系统的未扰运动不稳定。

　　应用 Lyapunov 直接法判断稳定性的过程，其关键是构造 Lyapunov 函数。对于线性系统，构造 Lyapunov 函数的方法早已由 Lyapunov 本人得出，然而对于非线性系统，却不存在这类通用的方法。一般来说，对同一个问题可以构造许多不同的 Lyapunov 函数，但是对不同的 Lyapunov 函数不会得出相反的结论。若原问题是稳定的，则不会因 V 函数不同而得出相反的结论，但若原问题是渐近稳定的，则选取不同的 V 函数，得到的结果可能是稳定的，也可能是渐近稳定的。一般通常采用的方法有类比法、变量分离法、积分法等。

2.2　时滞动力系统分岔行为预备知识

　　分岔理论在非线性动力学中是研究非线性系统由于参数变化而引起的解的不稳定，从而导致解的数目变化的行为。如果一个动力学系统是结构不稳定的，则任意小的适当的扰动都会使系统的拓扑结构发生突然的质的变化，这种质的变化称为分岔[3, 4]。

　　定义 2.1　考察系统 $\dot{x}=f(x,\mu)$，其中 $x\in U\subseteq \mathbf{R}^n$ 称为状态变量，μ 称为分岔参数，其中 $\mu=[\mu_1,\cdots,\mu_m]^T\in J\subseteq \mathbf{R}^m$，当参数 μ 连续变动时，系统拓扑结构在 $\mu_0\in J$ 处发生突然变化，则称系统在 $\mu=\mu_0$ 处出现分岔，并称 μ_0 为一个临界分岔值。在参数 μ 的空间中，由分岔值组成的集合称为分岔集。

　　对于分岔的分类可以从不同的角度展开，按所研究的分岔的空间域可以划分为局部分岔和全局分岔。只研究在平衡点或其某个邻域内的向量场的分岔称为局部分岔，而考虑向量场的全局特性的分岔称为全局分岔。一般来说，目前主要的理论分析都只集中于局部分岔，而全局分岔除了依靠数值计算外，主要依靠相空间里各平衡点/闭轨的局部分岔特性得出轨线的局部流向，然后进行综合以推测出相空间全局的轨线状态。按所研究对象划分，分岔可以分为静态分岔和动态分岔，静态分岔是研究静态方程 $f(x,\mu)=0$ 解的数目随参数 μ 变动而发生的突然变化，其中 $f:U\times J\subseteq \mathbf{R}^n\times \mathbf{R}^m\to \mathbf{R}^n$。动态分岔则是研究系统的拓扑结构发生的突然变化，解数目的变化也属于系统拓扑结构的变化，因此动态分岔也包括静态分岔。

2.2.1　时滞动力系统的 Hopf 分岔：Hassard 方法

为了研究非线性系统动力学性质受参数变化的影响，考虑引入参数 μ 后的如下非线性动力学系统方程：

$$\dot{x} = f(x, \mu) \tag{2.2}$$

设 $\hat{x} = \hat{x}(\mu)$ 是系统方程 (2.2) 在参数为 μ 时的一个平衡点，即满足 $f(\hat{x}, \mu) = 0$。设 $Df(\hat{x}, \mu)$ 是 $f(x, \mu)$ 在平衡点 $\hat{x}$ 处的雅可比矩阵。若 $Df(\hat{x}, \mu)$ 在 $\mu = \mu_0$ 时有一对纯虚特征值，并且这对纯虚根满足横截性条件，而其余特征值都有负的实部，则当参数 μ 通过 μ_0 时，一簇周期解从平衡点 $\hat{x}$ 处产生，在分岔点 μ_0 的某一侧 $\mu < \mu_0$ (或 $\mu > \mu_0$)，系统则会在平衡点 $\hat{x}$ 附近产生周期解，称 $\mu = \mu_0$ 为系统的 Hopf 分岔点。

如果当 $\mu > \mu_0$ 时在平衡点 $\hat{x}$ 附近产生周期解，则称 μ_0 是超临界 (supercritical) 分岔点；如果当 $\mu < \mu_0$ 时在平衡点 $\hat{x}$ 附近产生周期解，则称 μ_0 是亚临界 (subcritical) 分岔点。判断一个分岔点的分岔方向，也就是判定该分岔点是超临界分岔点还是亚临界分岔点。

下面来阐述严格 Hopf 分岔的理论描述[4]。

引理 2.1　设 $\hat{x}$ 是非线性自治系统方程 (2.2) 的一个平衡点，$Df(\hat{x}, \mu)$ 是在 $f(x, \mu)$ 平衡点 $\hat{x}$ 处的雅可比矩阵，$\lambda(\mu)$ 是 $Df(\hat{x}, \mu)$ 的一个特征值，如果满足：

(1) $\lambda(\mu_0)$ 和 $\overline{\lambda(\mu_0)}$ 是 $Df(\hat{x}, \mu)$ 的一对纯虚特征值，且 $Df(\hat{x}, \mu)$ 的其他特征值都有负实部；

(2) $\dfrac{\mathrm{d}}{\mathrm{d}\mu} \mathrm{Re}\big[\lambda(\mu)\big]_{\mu=\mu_0} \neq 0$。

则 μ_0 是系统方程 (2.2) 的 Hopf 分岔点，条件 (2) 通常称为特征根的横截性条件。

为了判断分岔方向 (超临界或亚临界) 以及周期解的稳定性，应进一步分析当 $\mu = \mu_0$ 时非线性自治系统方程 (2.2) 的正规型 (normal form)[5]，对于高维系统或时滞系统的 Hopf 分岔，还需要用到中心流形定理等[6]。另外，Hopf 分岔的频域方法也是近年来提出的一种新方法，由于本书采用时域方法进行的分析，在此不对频域方法加以介绍，具体可参见文献 [7]。

时滞可以导致动力学系统出现丰富多彩的动力学行为，余维二分岔 (双 Hopf 分岔) 现象就是其中的一个方面。在余维二分岔点的邻域内具有非常丰富的动力学现象，其不同拓扑结构的动力学模式有 12 种之多[8, 9]，理论上的重要性也被 Leblanc 等[10]详细阐述过。

针对系统方程(2.2)，若设 $\hat{x} = \hat{x}(\mu)$ 是系统方程(2.2)在参数为 μ 时的一个平衡点，即满足 $f(\hat{x}, \mu) = 0$。如果 $Df(\hat{x}, \mu)$ 是 $f(x, \mu)$ 在平衡点 $\hat{x}$ 处的雅可比矩阵，且 $Df(\hat{x}, \mu)$ 在 $\mu = \mu_0$ 时有两对纯虚的特征值 $\pm i\omega_1, \pm i\omega_2$，并且均满足横截性条件，而剩下的其余特征值都有负实部，则当参数 μ 通过 μ_0 时，两簇周期解从平衡点 $\hat{x}$ 处产生。若 $\dfrac{\omega_1}{\omega_2} = \omega_r$，并且 $0 < \omega_r < 1$ 为无理数，则出现的是非共振的余维二分岔，反之若 ω_r 为有理数，则出现的就是共振的余维二分岔。

2.2.2　带有外部周期激励的时滞动力系统 Hopf 分岔：平均法

从是否含时间项的角度可以将动力学系统划分为自治系统(autonomous system)和非自治系统(nonautonomous system)。下面给出二者的定性定义，考虑定义在 n 维 Euclid 空间 $\mathbf{R}^n$ 中的区域 U 上的一阶常微分方程组：

$$\dot{x} = f(x), \quad x \in U \subset \mathbf{R}^n, \ t \in \mathbf{R} \tag{2.3}$$

其中，f 为光滑向量函数。注意到式(2.3)右端不含时间 t，这种系统称为自治系统。若 f 是 $n+1$ 维空间 $\mathbf{R}^{n+1}$ 中区域 $U \times \mathbf{R}$ 到 n 维空间 $\mathbf{R}^n$ 的光滑映射，则该映射定义为如下与时间相关的一组微分方程：

$$\dot{x} = f(x, t), \quad x \in U \subset \mathbf{R}^n, \ t \in \mathbf{R} \tag{2.4}$$

这种右端含时间 t 的常微分方程称为非自治系统。目前人工神经网络动力学研究工作主要集中在对自治系统的分岔、混沌动力学行为进行讨论和控制上，对于非自治系统的失稳和复杂性研究却很少。很多振动力学研究中所讨论的非自治系统模型都是增加了外部周期激励项，对其进行分析的具体做法通常是先将其转化为自治系统，再进行研究。具体做法有以下三种[11-17]：

(1)直接把时间 t 看成参数，增补一个方程 $\dot{t} = 0$，则系统成为自治系统。

(2)对周期性的时间项，可以运用平均化的方法，在一个周期内对其进行平均，从而得到新的、平均后的自治方程，在第 6 章和第 7 章的研究中采用的就是这类平均法。

(3)对特别简单的周期性的时间项如 $\cos(\omega t)$、$\sin(\omega t)$，可以使用升维法，即直接增补两个系统方程 $\dot{u} = \omega v$，$\dot{v} = -\omega u$，则显然 $u = \sin(\omega t)$，用 u 替换系统

中的 $\sin(\omega t)$ 后即得自治方程。

　　由于可求出精确解析解的非线性非自治系统极少，所以除采用数值计算方法以外，只能采用近似解析方法。近似解析方法的研究对象多为弱非线性非自治系统，这类系统的非线性项为小量，因此有可能将非线性因素作为对线性系统的一种摄动，从而在线性系统解的基础上寻求非线性系统的近似解[18, 19]。下面用一个简单的例子叙述它的基本原理。

　　讨论弱非线性系统的自由振动，设动力学方程为

$$\ddot{x} + \omega_0^2 x = \varepsilon f(x, \dot{x}) \tag{2.5}$$

当 $\varepsilon = 0$ 时，上述系统变为线性保守系统，其自由振动解为

$$x = a\cos(\omega_0 t - \theta) \tag{2.6}$$

其中，任意常数 a 和 θ 取决于初始条件，将式 (2.6) 对 t 求导，得到

$$\dot{x} = -a\omega_0 \sin(\omega_0 t - \theta) \tag{2.7}$$

当 $\varepsilon \neq 0$ 时，原系统的解将不同，但如果 ε 充分小，实际观察到原系统的运动与周期运动十分接近，只是振幅和初相角随时间 t 缓慢变化，则可将方程中的 a 和 θ 视为时间的函数，则重新对式 (2.6) 按时间 t 求导，可得到

$$\dot{a}\cos\psi + a\dot{\theta}\sin\psi = 0 \tag{2.8}$$

其中，$\psi = \omega_0 t - \theta$。将式 (2.7) 对 t 重新微分，得到方程：

$$-\dot{a}\sin\psi + a\dot{\theta}\cos\psi = \frac{\varepsilon}{\omega_0} f(x, \dot{x}) \tag{2.9}$$

由以上两式可导出 a 和 θ 的微分方程：

$$\begin{cases} \dot{a} = -\dfrac{\varepsilon}{\omega_0} f(a\cos\psi, -a\omega_0\sin\psi)\sin\psi \\[2mm] \dot{\theta} = \dfrac{\varepsilon}{\omega_0 a} f(a\cos\psi, -a\omega_0\sin\psi)\cos\psi \end{cases} \tag{2.10}$$

当参数 ε 充分小时，a 和 θ 是在常数附近缓慢变化的函数。将上述方程组的右项以 ψ 的一个周期中的平均值近似地代替，并认为 a 和 θ 在 ψ 的一个周期中保持不变。这样得到的方程称为原方程的平均化方程。其物理本质是：在每一个运动周期中认为运动是简谐振动，但第二个周期的振幅和初相角与第一个周期相比，已经发生了微小的改变，平均化方程就是描述振幅和初相角变化规律的微分方程，也可形象地认为，简化方程是计算振动过程的包络线方程。因此，平均法也可称为常数变易法或慢变振幅法。

2.3 时滞动力系统的混沌行为预备知识

从牛顿力学创立时起，人们就坚信：对一个确定性动力学系统施加确定性的输入，则该系统的输出一定是确定的。这就是 Laplace 的确定论思想。对于线性系统，这一结论是正确的，但对于非线性系统，则可能出现一种无法精确重复貌似随机的运动，称为混沌。混沌理论架起了确定论和概率论两大理论体系之间的桥梁，与相对论和量子力学一起被称为 20 世纪物理学的三大革命[3, 4]。

由于混沌系统的奇异性和复杂性至今尚未被人们彻底揭示，不同领域的学者从不同角度给出了定义，所以混沌至今还没有一个统一的定义。以下给出的是两种影响较广的定义[3, 4]。

1. Li-Yorke 的混沌定义

对 $[a,b]$ 上的连续自映射 f，如果存在一个周期为 3 的周期点，就一定存在周期为任何正整数的周期点，且一定会出现混沌现象。该定义刻画了混沌运动的以下三个重要特征：

(1) 存在可数的无穷多个稳定的周期轨道；

(2) 存在不可数的无穷多个稳定的非周期轨道；

(3) 至少存在一个不稳定的非周期轨道。

2. Devaney 的混沌定义

度量空间 V 上的映射 $f:V \rightarrow V$ 是混沌的，若其满足：

(1) 对初值的敏感依赖性，存在 $\delta > 0$，对任意的 $\varepsilon > 0$ 和任意的 $x \in V$，在 x 的 ε 邻域 I 内存在 y 和自然数 n，使得 $d(f^n(x), f^n(y)) > \delta$；

(2) 拓扑传递性，对 V 上任意开集 X、Y，存在 $k > 0$，$f^k(x) \cap Y \neq \varnothing$ （如一映射具有稠轨道，则它显然是拓扑传递的）；

(3) f 的周期点集在 V 中稠密。

混沌运动是确定性非线性动力系统所特有的复杂运动状态，出现在某些耗散系统、不可积哈密顿系统和非线性离散映射系统中。通常，确定性动力学系统有三种定常状态，即平衡态、周期运动和准周期运动。混沌运动不同于上述三种运动,它是一种不稳定的有限定常运动,局限于有限区域但轨道永不重复,也被描述为具有无穷大周期的周期运动。其独有的特征表现在以下几个方面:

(1)有界性。混沌的轨迹有一个称为混沌吸引域的确定区域,无论混沌的轨迹如何,都不会脱离混沌吸引域,因此混沌轨迹是有界和稳定的。

(2)遍历性。在有限的时间内,混沌轨迹在其混沌吸引域内会经过混沌区内的每一个状态点。

(3)敏感性。系统的混沌运动,无论是离散的或连续的,低维的或高维的,保守的或耗散的,时间演化的或空间分布的,均具有一个基本特征,即系统的运动轨道对初值的极度敏感性。这种敏感性,一方面反映在非线性动力学系统内,随机性系统运动趋势的强烈影响;另一方面也会导致系统长期时间行为的不可预测性。

(4)分维性。混沌系统在混沌吸引域的相空间中的运动轨线会经过无限次折叠,从而形成一种特殊曲线,这种曲线的维数是分数,它表明混沌运动是有一定规律的,因此混沌具有分维性。

(5)标度性。混沌现象是一种无周期性的有序态,具有无穷层次的自相似结构,存在无标度区域。只要数值计算的精度或实验的分辨率足够高,则可以从中发现小尺寸混沌的有序运动花样,所以具有标度性。

(6)普适性。不同的系统方程在接近混沌行为时都会表现出一些共同特征,其特征不因具体系统的不同和系统运动方程的差异而变化,主要表现在描述混沌的常数上,即费根鲍姆(Feigenbaum)常数。这种性质称为普适性。

混沌运动是确定性非线性动力学系统所特有的复杂运动状态,也只有当系统参数处于某一范围时才表现为混沌运动,在其他情况下仍然表现为通常的确定性运动。下面简单叙述从确定性运动过渡到混沌运动的四种方式。

(1)倍周期分岔道路。这是一条通向混沌的最典型的道路:一个系统一旦发生倍周期分岔,则必导致混沌。倍周期分岔道路又可称为费根鲍姆道路,即周期不断加倍而产生混沌,其基本途径是:不动点→2周期点→4周期点→…→无限倍周期凝聚(极限点)→奇异吸引子。

(2)阵发(间歇)道路。阵发(间歇)道路是指时间域中系统不规则行为和规则行为的随机交替现象,由法国科学家 Y. Pomeau 和 P. Manneville 于 1980 年提出的,又称 P-M 类阵发道路。阵发混沌表现为时间行为的忽而周期、忽而混沌,随机地在两者之间跳跃。当系统的某一参数 M 低于(或高于)某一值 M_0 时,系统呈现规则的周期运动;而当参数 M 逐渐增加(或减少)时,系统在长时间内仍然表现出明显的近似周期运动形式,但这种近似的周期运动形式将被短暂的突发混乱运动所打乱,突发之后又是周期运动,这种情况不断重复,显示出一阵周期、一阵混沌的阵发运动;随着 M 的进一步增大(或减少),突发现象出现得越来越频繁,近似周期运动几乎完全消失,最后系统进入混沌状态。

(3)准周期道路。它反映了非线性耦合系统所造成的节律变化,源自于物理学界对湍流的研究。1971 年,法国物理学家 Rulle 和荷兰数学家 Takens 的论文《论湍流的本质》认为湍流可以看成具有无数个频率耦合而成的振荡现象,即著名的 $T^4 \to$ 混沌道路:在四维环面上具有 4 个不可公约的频率的准周期运动一般是不稳定的,经扰动后会转变为奇异吸引子。经过后续研究工作者的修改,目前理论和实验所证实的是 $T^2 \to$ 混沌道路。因此,准周期道路的典型途径是:不动点(平衡态)→极限环(周期运动)→二维环面(准周期运动)→奇异吸引子(混沌运动)。

(4)KAM 环面破裂。由 KAM 定理得到近哈密顿系统的轨线分布在一些环面(称为 KAM 环面),它们一个套在另一个外面,而两个环面之间充满了混沌区,其在法向平面的截线称为 KAM 曲线。对于不可积哈密顿系统,在鞍点附近发生很大变化:鞍点连线破断,并在鞍点附近产生剧烈振荡,这种振荡等价于一种 Smale 马蹄结构,从而引起混沌运动。

混沌的研究方法可分为定性和定量两大类。

定性方法如下:

(1)直接观测法。根据动力学系统的数值运算结果,画出相空间中相轨迹随时间的变化图,以及状态变量随时间的历程图,通过对比、分析和综合以确定解的分岔与混沌现象。在相空间中周期运动对应着封闭曲线,混沌运动对应着一定区域内随机分布的永不封闭的轨迹(奇异吸引子)。

(2)分频采样法。该方法是实验物理学中闪烁采样法的推广。为避免复杂运动在相空间中轨迹的混乱不清,可以只限于观察隔一定时间间隔(称为采样周期)在相空间的代表点(称为采样点),这样原来在相空间的连续轨迹被一系列离散点所代表。当采样结果为一点时,系统做周期运动;当采样结果是 n 个离散点时,系统运动也是周期的;当采样结果是无穷多个离散点时,运动是随机的；若采样点集中在一定区域内并具有层次结构，则此伪随机运动就是混沌的。分频采样法是目前辨认长周期混沌带的最有效方法。

(3) 庞加莱截面法。对于含多个状态变量的自治微分方程系统，可采用庞加莱截面法进行分析。其基本思想是在多维相空间中适当选取一截面，在此截面上对某一对共轭变量取固定值，称此截面是庞加莱截面，观察运动轨迹与此截面的节点情况，当庞加莱截面上只有一个不动点或少数离散点时，运动是周期的；当庞加莱截面上是一闭曲线时，运动是准周期的；当庞加莱截面上是成片的密集点且有层次结构时，运动是混沌的。

定量方法如下：

(1) Lyapunov 指数分析法。对一维映射 $x_{n+1} = f(x_n)$，假定初始点为 x_0，相邻点为 $x_0 + \delta x_0$；当 $\left| \dfrac{\mathrm{d}f}{\mathrm{d}x} \right| > 1$ 时，经过 n 次迭代后，初始点 x_0 与相邻点 $x_0 + \delta x_0$ 相互分离；当 $\left| \dfrac{\mathrm{d}f}{\mathrm{d}x} \right| < 1$ 时，经过 n 次迭代后，初始点 x_0 与相邻点 $x_0 + \delta x_0$ 相互靠拢。在混沌运动中，系统的轨道既相互靠拢又相互排斥，所以混沌运动中 $\left| \dfrac{\mathrm{d}f}{\mathrm{d}x} \right|$ 的值在不断地变化。因此，设平均每次迭代所引起的指数分离中的指数为 σ，则原先相距为 ε 的两点经过 n 次迭代后，两点间的距离为

$$\sigma(x_0) = \lim_{n \to \infty} \frac{1}{n} \sum_{i=1}^{n} \ln \left| \frac{\mathrm{d}f^{(n)}(x)}{\mathrm{d}x} \right|_{x = x_i}$$，σ 称为 Lyapunov 指数，它表示在多次迭代过程

中，平均每次迭代所引起的相邻离散点之间以指数速度分离或靠近的趋势。

(2) 自功率谱密度分析法。周期运动功率谱只在基频及其倍频处出现尖峰，准周期对应的功率谱在几个不可约的基频以及它们叠加的频率处出现尖峰；混沌运动的特征在功率谱中表现为出现噪声背景宽峰的连续谱，其中含有与周期运动对应的尖峰，这表示混沌运动轨道访问各个混沌带的平均周期。根据这些特点，可以很容易地识别运动的特征是周期的，还是准周期的、随机的或混沌的。

还有一些其他分析混沌的方法，如分形维数分析法、测度熵法等。在实际应用时，为了获得更加精确的结果，常常不是单纯使用上面的某一类方法，而是采用定性分析方法和定量分析方法相结合的手段来研究混沌行为。

本书所讨论的混沌经历的是准周期道路，采用了定性的庞加莱截面法、定

量的自功率谱密度分析法及 Lyapunov 指数分析法进行分析。

2.4 三种时滞动力系统控制方法概述

2.4.1 时滞神经网络的脉冲控制

在时滞神经网络中，脉冲的作用通常分为两种：一种是将脉冲看成一类扰动，不利于系统的稳定；另一种是将脉冲作为一种控制方式来保证神经网络的稳定性。

在人工神经网络的实际应用中，由于电路元件的突然失效，或突然受到外部温度、压力等变化而导致网络的运行失常，人工神经网络的状态会面临瞬时的扰动并在某些时刻发生突变，因而构造具有脉冲扰动作用的人工神经网络模型更能准确地描述实际人工神经网络。通过对具有脉冲扰动作用的神经网络模型的稳定性分析，研究系统所能容忍的脉冲扰动强度和脉冲扰动频率等对于设计具有较强鲁棒性的人工神经网络具有指导性作用。另外，由于大多数神经网络模型系统受参数影响是不稳定的，为保证其稳定性，通常需要引入外在控制器，使神经网络在外在控制下达到稳定。相较于其他传统的控制器如反馈控制、间歇控制等，脉冲控制器通常需要很小的脉冲增益，并且仅作用在离散时间上，因此这可以减少控制过程中信息的传递，大大降低控制成本。因此，对神经网络模型的脉冲控制进行研究，设计恰当的脉冲强度以及脉冲发生频率，对保证网络的稳定性具有重要的意义。

近几年，众多学者分别对两种类型脉冲作用下的时滞神经网络稳定性问题进行了深入的研究，研究成果主要集中在以下几个方面：

（1）考虑脉冲对神经网络的扰动作用[20, 21]。研究系统所能容忍的扰动脉冲强度，以及在一定脉冲扰动下，研究满足系统稳定性的充分条件。

（2）考虑脉冲控制的作用[22-25]。此时脉冲作为一种控制策略，研究着重体现在如何设计有效的、更节省资源的脉冲控制器，从而以最小的代价控制系统达到稳定。

（3）考虑牵引脉冲控制器的设计[26-34]。牵引脉冲控制相较于传统的脉冲控制器能够显著减少控制过程中的信息传输总量，降低控制成本。特别是对于集成度非常高的大规模人工神经网络，牵引脉冲控制更加有利于控制的实现。

在这些研究成果的基础上,对于时滞脉冲神经网络的稳定性问题的研究仍存在很多复杂且具有挑战性的方向[35-38]。例如:复杂的时滞神经网络模型,如基于忆阻器的时滞神经网络模型、具有惯性项的时滞神经网络模型;考虑脉冲的扰动与控制影响下,如何设计脉冲控制器来减弱或者覆盖扰动脉冲对系统的影响,从而将扰动脉冲转变为对系统稳定性有利的脉冲控制。

2.4.2　时滞神经网络的切换控制

切换作为一种控制方式,已经在控制理论中得到了广泛的研究与应用。在经典控制理论中,无论最简单的开关控制还是复杂的智能控制都涉及切换控制的思想。

一般地,切换系统可以描述为如下形式:

$$\dot{x} = f_{\sigma(t)}(t, x(t)) \tag{2.11}$$

其中,$\sigma(t): N_+ \rightarrow \Lambda$ 为分段的右连续函数,Λ 为有限的集合,由子系统的编号组成,记为 $\Lambda = \{1, 2, \cdots, N\}$。

切换系统的稳定性分析是目前切换研究中的热点问题。由于切换的引入,使得系统的动力学行为在切换作用下变的非常复杂。对于切换系统的稳定性研究必须同时考虑所有子系统的稳定性以及切换规则。

在时滞神经网络中,由于传输信息的锁闭,以及确定的或者随机发生的连接失败、连接的改变等突变现象使得网络表现出切换行为。因此,构造具有切换作用的神经网络模型能够自然而准确地描述这些现象,从而更加符合实际。由于切换控制的引入,时滞神经网络的动力学行为变得非常复杂。当考虑整个时滞神经网络的稳定性时,即使所有切换子系统都稳定,不恰当的切换机制同样会导致整个网络不稳定,相反,当所有切换子系统都不稳定时,设计适当的切换机制仍然可以保证整个网络的稳定性。因此,带有切换的时滞神经网络动力学行为的研究非常复杂,但对于深入理解神经网络,更加准确有效地设计神经网络模型具有重要的意义。

近 10 年,众多学者对切换时滞神经网络的稳定性问题进行了深入的研究,并取得了大量的研究成果[39-59]。关于切换时滞系统的研究成果主要集中在以下几个方面。

(1)当系统的所有子系统为稳定时[39-55]。将切换动作看成一类扰动,会导致系统状态的发散,因而利用稳定子系统的镇定作用来补偿切换动作所引起的状态发散,从而保证整个子系统的稳定性。

(2)当系统的部分子系统稳定、部分子系统不稳定时[56-61]。同样,将切换动作看成一类扰动,利用稳定子系统的镇定作用来补偿切换动作以及不稳定子系统共同导致的状态发散,从而保证整个子系统的稳定性。

(3)当系统的所有子系统都不稳定时[62-69]。目前关于此类型切换系统的研究处于起步阶段,研究方法可以分为两种:①设计状态相关的切换规则,根据系统状态的演化,当系统状态满足某类条件时将发生切换动作,并切换到某个指定的子系统中,以此方式来保证整个切换系统的稳定性;②设计与子系统驻留时间相关的切换规则,通过限制各个子系统的运行时间,保证系统达到稳定。

在这些研究成果的基础上,对于切换时滞神经网络的稳定性问题的研究仍存在很多复杂且具有挑战性的方向。例如:①如何设计与状态相关的切换规则,以保证当所有子系统不稳定时切换时滞神经网络的稳定性;②如何通过限制各个子系统的运行时间保证当所有子系统不稳定时切换时滞神经网络的稳定性;③在文献[69]中讨论了将系统的切换动作视为一种镇定作用,研究所有子系统不稳定时切换线性系统的稳定性,但是如何将这种思想推广到切换时滞神经网络的稳定性分析仍有待研究。

因而,对切换时滞神经网络的研究意义重大并且充满着挑战,值得众多研究学者对此进行长久的、更加深入的研究。

2.4.3 时滞神经网络的间歇控制

间歇控制的意思就是对系统的控制不是连续的,而是间歇的。用一组切换面将一个连续状态控制分割成无限多个操作域,在每个操作域内,都是用一个右端可微的常微分方程来描述系统。当系统轨迹达到切换面时,连续状态就将按照预先规定的切换规则发生跳跃,切换则是从切换面到操作域的一个映射。这里的状态跳跃一般可以看成一种脉冲现象。一个特殊情况是系统达到切换面时没有脉冲现象出现,则在这种情况下,系统的状态轨迹一直是连续的,但在切换面附近系统是不可微的。实际上间歇控制也是一种切换控制,目前主要分为时间相关的切换和状态相关的切换两种形式。前者是当达到预先设定的时间区域时被激活，后者是达到某个状态区域时被激活。近年来，大量的研究者对间歇控制下的非线性系统的稳定性和同步问题进行了深入的研究，并取得了许多成果。文献[70]研究了耦合时滞非线性系统在周期间歇控制下的指数同步问题，有效地利用了不等式缩放技术和数学归纳法最终得到了系统同步的充分条件。文献[71]提出了非周期间歇控制的概念以使非线性耦合的神经网络达到同步，且得到了一个比较宽松的充分条件。

时滞非线性系统在周期间歇控制下系统模型可描述为

$$\begin{cases} \dot{x} = f(t, x(t), x(t - \tau(t))) + u(t) \\ x(t_0) = \phi(t) \in ([-\tau, 0], \mathbf{R}^n) \end{cases} \tag{2.12}$$

其中，$u(t)$ 表示系统的外部控制，具体形式如下：

$$u(t) = \begin{cases} \Gamma x(t), & mT \leqslant t < mT + \delta \\ 0, & mT + \delta \leqslant t \leqslant (m+1)T \end{cases} \tag{2.13}$$

其中，$\Gamma \in \mathbf{R}^{n \times n}$ 是控制增益向量，$T > 0$ 是控制周期，$\delta > 0$ 是控制宽度。这样，可以得到典型的周期间歇控制系统：

$$\begin{cases} \dot{x} = f(t, x(t), x(t - \tau(t))) + u(t), & mT \leqslant t < mT + \delta \\ \dot{x} = f(t, x(t), x(t - \tau(t))), & mT + \delta \leqslant t \leqslant (m+1)T \end{cases} \tag{2.14}$$

参 考 文 献

[1] 杨万利，王铁宁. 非线性动力学理论方法及应用[M]. 北京：国防工业出版社，2007.

[2] 刘延柱，陈立群. 非线性动力学[M]. 上海：上海交通大学出版社，2000.

[3] 罗冠炜，谢建华. 碰撞振动系统的周期运动和分岔[M]. 北京：科学出版社，2004.

[4] 张琪昌，王洪礼，竺致文，等. 分岔与混沌理论及应用[M]. 天津：天津大学出版社，2005.

[5] 李伟固. 正规型理论及其应用[M]. 北京：科学出版社，2000.

[6] Hassard B D, Kazarinoff N D, Wan Y H. Theory and Applications of Hopf Bifurcation[M]. Cambridge：Cambridge University Press，1981.

[7] Liao X, Li S, Chen G. Bifurcation analysis on a two-neuron system with distributed delays in the frequency domain[J]. Neural Networks，2004，17(4)：545-561.

[8] Guckenheimer J，Holmes P. Nonlinear Oscillations，Dynamic Systems and Bifurcation of Vector Fields[M]. Berlin：Springer-Verlag，1983：397-405.

[9] 裴利军，徐鉴. Stuart-Landau 时滞系统非共振双 Hopf 分岔[J]. 振动工程学报，2005，18(1)：24-29.

[10] Leblanc V G，Langford W F. Classification and unfoldings of 1：2 resonant Hopf bifurcation[J]. Archive for Rational Mechanics & Analysis，1996，136(4)：305-357.

[11] Xu J, Chung K W. Effects of time delayed position feedback on a van der Pol-Duffing oscillator[J]. Physica D: Nonlinear Phenomena, 2003, 180(1): 17-39.

[12] Ji J C, Hansen C H, Li X. Effect of external excitations on a nonlinear system with time delay[J]. Nonlinear Dynamics, 2005, 41(4): 385-402.

[13] Ji J C, Hansen C H. Hopf bifurcation of a magnetic bearing system with time delay[J]. Journal of Vibration and Acoustics, 2005, 127(4): 362-369.

[14] Ji J C, Hansen C H. Stability and dynamics of a controlled van der Pol-Duffing oscillator[J]. Chaos Solitons & Fractals, 2006, 28(2): 555-570.

[15] Ji J C, Zhang N. Additive resonances of a controlled van der Pol-Duffing oscillator[J]. Journal of Sound and Vibration, 2008, 315(1-2): 22-33.

[16] Xu J, Yu P. Delay-induced bifurcations in a nonautonomous system with delayed velocity feedbacks[J]. International Journal of Bifurcation and Chaos, 2004, 14(8): 2777-2798.

[17] 徐鉴, 陆启韶. 非自治时滞反馈控制系统的周期解分岔和混沌[J]. 力学学报, 2003, 35(4): 443-451.

[18] 刘延柱, 陈立群. 非线性振动[M]. 北京: 高等教育出版社, 2001.

[19] 刘式适, 刘式达. 物理学中的非线性方程[M]. 北京: 北京大学出版社, 2000.

[20] Li X, Fu X, Balasubramaniam P, et al. Existence, uniqueness and stability analysis of recurrent neural networks with time delay in the leakage term under impulsive perturbations[J]. Nonlinear Analysis: Real World Applications, 2010, 11(5): 4092-4108.

[21] Huang T, Li C, Duan S, et al. Robust exponential stability of uncertain delayed neural networks with stochastic perturbation and impulse effects[J]. IEEE Transactions on Neural Networks and Learning Systems, 2012, 23(6): 866-875.

[22] Zhu Q, Cao J. Stability analysis of Markovian jump stochastic BAM neural networks with impulse control and mixed time delays[J]. IEEE Transactions on Neural Networks & Learning Systems, 2012, 23(3): 467-479.

[23] Li C, Li C, Liao X, et al. Impulsive effects on stability of high-order BAM neural networks with time delays[J]. Neurocomputing, 2011, 74(10): 1541-1550.

[24] Guan Z H, Chen G. On delayed impulsive Hopfield neural networks[J]. Neural Networks, 1999, 12(2): 273-280.

[25] Chen W H, Zheng W X. Global exponential stability of impulsive neural networks with variable delay: an LMI approach[J]. IEEE Transactions on Circuits and Systems I: Regular Papers, 2009, 56(6): 1248-1259.

[26] Zhu Q, Cao J. Stability of Markovian jump neural networks with impulse control and time varying delays[J]. Nonlinear Analysis: Real World Applications, 2012, 13(5): 2259-2270.

[27] Cao J, Ho D W C, Yang Y. Projective synchronization of a class of delayed chaotic systems via impulsive control[J]. Physics Letters A, 2009, 373(35): 3128-3133.

[28] Li X. New results on global exponential stabilization of impulsive functional differential equations with infinite delays or finite delays[J]. Nonlinear Analysis: Real World Applications, 2010, 11(5): 4194-4201.

[29] Li X, Bohner M, Wang C K. Impulsive differential equations: periodic solutions and applications[J]. Automatica, 2015, 52(C): 173-178.

[30] Lu J, Kurths J, Cao J, et al. Synchronization control for nonlinear stochastic dynamical networks: pinning impulsive strategy[J]. IEEE Transactions on Neural Networks and Learning Systems, 2012, 23(2): 285-292.

[31] Wang F, Yang Y, Hu A, et al. Exponential synchronization of fractional-order complex networks via pinning impulsive control[J]. Nonlinear Dynamics, 2015, 82(4): 1979-1987.

[32] Yang X, Cao J, Yang Z. Synchronization of coupled reaction-diffusion neural networks with time-varying delays via pinning-impulsive controller[J]. SIAM Journal on Control and Optimization, 2013, 51(5): 3486-3510.

[33] Wang Y, Cao J, Hu J. Stochastic synchronization of coupled delayed neural networks with switching topologies via single pinning impulsive control[J]. Neural Computing and Applications, 2015, 26(7): 1739-1749.

[34] Zhou J, Wu Q, Xiang L. Pinning complex delayed dynamical networks by a single impulsive controller[J]. IEEE Transactions on Circuits and Systems I: Regular Papers, 2011, 58(12): 2882-2893.

[35] Zhang W, Tang Y, Fang J A, et al. Stability of delayed neural networks with time-varying impulses[J]. Neural Networks, 2012, 36(8): 59-63.

[36] Zhang W, Tang Y, Wu X, et al. Synchronization of nonlinear dynamical networks with heterogeneous impulses[J]. IEEE Transactions on Circuits and Systems I: Regular Papers, 2014, 61(4): 1220-1228.

[37] Wong W K, Zhang W, Tang Y, et al. Stochastic synchronization of complex networks with mixed impulses[J]. IEEE Transactions on Circuits & Systems I: Regular Papers, 2013, 60(10): 2657-2667.

[38] Zhang H, Ma T, Huang G B, et al. Robust global exponential synchronization of uncertain chaotic delayed neural networks via dual-stage impulsive control[J]. IEEE Transactions on Systems, Man and Cybernetics, Part B (Cybernetics), 2010, 40(3): 831-844.

[39] Liu Y, Wang Z, Liang J, et al. Stability and synchronization of discrete-time Markovian jumping neural networks with mixed mode-dependent time delays[J]. IEEE Transactions on Neural Networks, 2009, 20(7): 1102-1116.

[40] Huang H, Ho D, Qu Y. Robust stability of stochastic delayed additive neural networks with Markovian switching[J]. Neural Networks, 2007, 20(7): 799-809.

[41] Zhu Q, Cao J. Exponential stability of stochastic neural networks with both Markovian jump parameters and mixed time delays[J]. IEEE Transactions on Systems, Man and Cybernetics, Part B (Cybernetics), 2011, 41(2): 341-353.

[42] Zhou W, Tong D, Gao Y, et al. Mode and delay-dependent adaptive exponential synchronization in pth moment for stochastic delayed neural networks with Markovian switching[J]. IEEE Transactions on Neural Networks and Learning Systems, 2012, 23(4): 662-668.

[43] Wu Z, Shi P, Su H, et al. Delay-dependent exponential stability analysis for discrete-time switched neural networks with time-varying delay[J]. Neurocomputing, 2011, 74(10): 1626-1631.

[44] Yu W, Cao J, Lu W. Synchronization control of switched linearly coupled neural networks with delay[J]. Neurocomputing, 2010, 73(4-6): 858-866.

[45] Zhang H, Liu Z, Huang G B. Novel delay-dependent robust stability analysis for switched neutral-type neural networks with time-varying delays via SC technique[J]. IEEE Transactions on Systems, Man and Cybernetics, Part B (Cybernetics), 2010, 40(6): 1480-1491.

[46] Yang R, Zhang Z, Shi P. Exponential stability on stochastic neural networks with discrete interval and distributed delays[J]. IEEE Transactions on Neural Networks, 2010, 21(1): 169-175.

[47] Zhang D, Yu L, Wang Q G, et al. Estimator design for discrete-time switched neural networks with asynchronous switching and time-varying delay[J]. IEEE Transactions on Neural Networks & Learning Systems, 2012, 23(5): 827-834.

[48] Lian J, Zhang K. Exponential stability for switched Cohen-Grossberg neural networks with average dwell time[J]. Nonlinear Dynamics, 2011, 63(3): 331-343.

[49] Cao J, Alofi A, Al-Mazrooei A, et al. Synchronization of switched interval networks and applications to chaotic neural networks[J]. Abstract and Applied Analysis, 2013, 5(1): 1-11.

[50] Yuan K, Cao J, Li H X. Robust stability of switched Cohen-Grossberg neural networks with mixed time-varying delays[J]. IEEE Transactions on Systems, Man and Cybernetics, Part B (Cybernetics), 2006, 36(6): 1356-1363.

[51] Li Z G, Wen C Y, Soh Y C. Stabilization of a class of switched systems via designing switching laws[J]. IEEE Transactions on Automatic Control, 2001, 46(4): 665-670.

[52] Huang H, Qu Y, Li H X. Robust stability analysis of switched Hopfield neural networks with time-varying delay under uncertainty[J]. Physics Letters A, 2005, 345(4-6): 345-354.

[53] Wu Z G, Shi P, Su H, et al. Delay-dependent stability analysis for switched neural networks with time-varying delay[J]. IEEE Transactions on Systems, Man and Cybernetics, Part B (Cybernetics), 2011, 41(6): 1522-1530.

[54] Wu L, Feng Z, Zheng W X. Exponential stability analysis for delayed neural networks with switching parameters: average dwell time approach[J]. IEEE Transactions on Neural Networks, 2010, 21(9): 1396-1407.

[55] Zhao X, Zhang L, Shi P, et al. Stability of switched positive linear systems with average dwell time switching[J]. Automatica, 2012, 48(6): 1132-1137.

[56] Li C, Feng G, Huang T. On hybrid impulsive and switching neural networks[J]. IEEE Transactions on Systems, Man and Cybernetics, Part B (Cybernetics), 2009, 38(6): 1549-1560.

[57] Zhang W, Tang Y, Miao Q, et al. Exponential synchronization of coupled switched neural networks with mode-dependent impulsive effects[J]. IEEE Transactions on Neural Networks and Learning Systems, 2013, 24(8): 1316-1326.

[58] Wu X, Tang Y, Zhang W. Stability analysis of switched stochastic neural networks with time-varying delays[J]. Neural Networks, 2014, 51: 39-49.

[59] Liu C, Liu W, Liu X, et al. Stability of switched neural networks with time delay[J]. Nonlinear Dynamics, 2015, 79(3): 2145-2154.

[60] Feng W, Tian J, Zhao P. Stability analysis of switched stochastic systems[J]. Automatica, 2011, 47(1): 148-157.

[61] Zhang H, Xia Y. Instability of stochastic switched systems[J]. Systems & Control Letters, 2015, 75: 101-107.

[62] Zhang H, Wu Z, Xia Y. Exponential stability of stochastic systems with hysteresis switching[J]. Automatica, 2014, 50(2): 599-606.

[63] Wu Z, Cui M, Shi P, et al. Stability of stochastic nonlinear systems with state-dependent switching[J]. IEEE Transactions on Automatic Control, 2013, 58(8): 1904-1918.

[64] Deaecto G S, Souza M, Geromel J C. Chattering free control of continuous-time switched linear systems[J]. IET Control Theory & Applications, 2014, 8(5): 348-354.

[65] Duan C, Wu F. Analysis and control of switched linear systems via dwell-time min-switching[J]. Systems & Control Letters, 2014, 70(2014): 8-16.

[66] Duan C, Wu F. Analysis and control of switched linear systems via modified Lyapunov-Metzler inequalities[J]. International Journal of Robust and Nonlinear Control, 2014, 24(2): 276-294.

[67] Xiang W, Xiao J. Stabilization of switched continuous-time systems with all modes unstable via dwell time switching[J]. Automatica, 2014, 50(3): 940-945.

[68] Zhao X, Yin S, Li H, et al. Switching stabilization for a class of slowly switched systems[J]. IEEE Transactions on Automatic Control, 2015, 60(1): 221-226.

[69] Xiong J, Lam J, Shu Z, et al. Stability analysis of continuous-time switched systems with a random switching signal[J]. IEEE Transactions on Automatic Control, 2014, 59(1): 180-186.

[70] Cai S, Hao J, He Q, et al. Exponential synchronization of complex delayed dynamical networks via pinning periodically intermittent control[J]. Physics Letters A, 2011, 375(19): 1965-1971.

[71] Liu X, Chen T. Synchronization of nonlinear coupled networks via aperiodically intermittent pinning control[J]. IEEE Transactions on Neural Networks & Learning Systems, 2015, 26(1): 113-126.

第3章 带分布时滞的神经网络
模型渐近稳定性分析

3.1 带分布时滞的神经网络模型描述

本章对如下带分布时滞的神经网络模型进行讨论：

$$\dot{u}_i(t) = -d_i(u_i(t)) + \sum_{j=1}^{n} w_{ij} g_j(u_j(t)) + \sum_{j=1}^{n} w_{ij}^{\tau} \int_{-\infty}^{t} K_{ij}(t-s) g_j(u_j(s)) \mathrm{d}s + I_i, \ i=1,2,\cdots,n \quad (3.1)$$

其中，$t \geqslant 0$；$u(t) = [u_1(t), u_2(t), \cdots, u_n(t)]^{\mathrm{T}}$ 为神经元状态向量；$g(u) = [g_1(u_1), g_2(u_2), \cdots, g_n(u_n)]^{\mathrm{T}}$ 为神经元的激活函数，在实数区间连续可微，并且满足 $g_j(0) = 0$，$j=1,2,\cdots,n$；I_i 是常数向量；$w_{ij} \ (i \neq j)$ 是神经元 i 和 j 之间的连接权重，并且当 $i \neq j$，$w_{ij} = w_{ji}$ 时，$0 < w_{ij} = w_{ji} < 1$，反之，$w_{ij} = w_{ji} = 0(i=j)$，则由神经元的连接权重构成的权重矩阵为 W，其主对角线上的元素为 0，也就意味着所有的神经元是没有自连接的[1]。假设模型 (3.1) 满足下列条件。

条件（1） 存在一对正常数 $\underline{D}_i$ 和 $\overline{D}_i$，$i=1,2,\cdots,n$，满足：

$$0 < \underline{D}_i \leqslant \frac{d_i(x_i) - d_i(y_i)}{x_i - y_i} \leqslant \overline{D}_i, \ x_i \neq y_i, \ i=1,2,\cdots,n \quad (3.2)$$

条件（2） $g_j(j=1,2,\cdots,n)$ 在实数域上有界，存在正常数 $G_j(j=1,2,\cdots,n)$ 以及 $\omega \in \mathbf{R}$ 满足：

$$\left| g_j(\omega) \right| \leqslant G_j, \quad j=1,2,\cdots,n \quad (3.3)$$

条件（3） 对任何 $\omega \in \mathbf{R}$，有

$$g_j'(\omega) > 0, \quad j=1,2,\cdots,n \quad (3.4)$$

条件（4） 假设时滞核 $K_{ij}(\cdot) \ (i,j=1,2,\cdots,n)$ 是定义在区间 $[0,+\infty)$ 上的非负连续实函数，并且存在一个正数 μ 使其满足：

$$\int_0^{+\infty} K_{ij}(s)\mathrm{d}s = 1, \quad \int_0^{+\infty} sK_{ij}(s)\mathrm{d}s < +\infty, \quad \int_0^{+\infty} K_{ij}(s)\mathrm{e}^{\mu s}\mathrm{d}s < +\infty \quad (3.5)$$

令

$$\phi_i(s) = u_i(s), \ s \in (-\infty, 0], \ i=1,2,\cdots,n \quad (3.6)$$

其中，$\phi_i(s)$ 是 $(-\infty,0]$ 上的一个连续有界的实函数，则模型 (3.1) 的解可以描述如下：

$$x(t) = (x_1(t,\phi_1(\cdot)), x_2(t,\phi_2(\cdot)), \cdots, x_n(t,\phi_n(\cdot)))^{\mathrm{T}} \tag{3.7}$$

其中，上标 T 表示向量的转置，$t > 0$，$\phi_i(\cdot)$ 的定义如式 (3.6) 所示。

3.2 节将用泛函微分方程中的 Lyapunov 函数对方程 (3.1) 进行求解，令

$$\dot{x}(t) = f(t, x_t) \tag{3.8}$$

f 是定义在 $R \times C \to \mathbf{R}^n$ 区间上连续且其初值满足 $f(t,0) = 0$ 的函数。

又令 $V : R \times C \to \mathbf{R}$ 是连续的，则有如下定义：

$$\dot{V} = \dot{V}(t,\phi) = \overline{\lim_{h \to 0^+}} \frac{1}{h} \big[V(t+h, x_{t+h}(t,\phi)) - V(t,\phi) \big] \tag{3.9}$$

Brouwer 不动点定理　设 $K \subset \mathbf{R}^n$ 是有界凸闭集，$F \in C(K,K)$，则至少存在一个不动点 $x^* \in K$ 使得 $F(x^*) = x^*$。

引理 3.1（Barbalat 引理）　若 $x : [0,\infty) \to \mathbf{R}$ 一致连续，为非负函数，并且 $\lim\limits_{t \to \infty} \int_0^t x(\tau)\mathrm{d}\tau$ 存在且有界，那么 $\lim\limits_{t \to \infty} x(t) = 0$。

显然，若条件 (1)～(4) 成立，则满足模型 (3.1) 初始条件的解一定存在于 $\mathbf{R}_+ \equiv [0,+\infty)$，并且由引理 3.1 可知，这个解是唯一的。同样，模型 (3.1) 总会存在一个平衡点 $u_j^*(j = 1, 2, \cdots, n)$，使得

$$d_i(u_i^*) = \sum_{j=1}^n (w_{ij} + w_{ij}^\tau) g_j(u_j^*) + I_i, \quad i = 1, 2, \cdots, n \tag{3.10}$$

由于 d_i 具有严格单调性，所以必存在一个正数 $\bar{d}_i$ 使得

$$d_i(u_i^*) = \bar{d}_i u_i^*, \quad i = 1, 2, \cdots, n \tag{3.11}$$

所以有

$$u_i^* = \bar{d}_i^{-1} \left\{ \sum_{j=1}^n (w_{ij} + w_{ij}^\tau) g_j(u_j^*) + I_i \right\}, \quad i = 1, 2, \cdots, n \tag{3.12}$$

对于有界凸闭集 Ω 中的映射 $P = (P_1, P_2, \cdots, P_n)$，有

$$P_i(u_1, u_2, \cdots, u_n) = \bar{d}_i^{-1} \left\{ \sum_{j=1}^n (w_{ij} + w_{ij}^\tau) g_j(u_j^*) + I_i \right\}, \quad i = 1, 2, \cdots, n$$

$$\Omega = \left\{ (u_1, u_2, \cdots, u_n) \big| |u_i| \leqslant N_{i0} \right\} \tag{3.13}$$

$$N_{i0} = \frac{1}{|\bar{d}_i|} \left\{ \sum_{j=1}^n \big| w_{ij} + w_{ij}^\tau \big| G_j + |I_i| \right\}, \quad i = 1, 2, \cdots, n$$

由 Brouwer 不动点定理可知在 Ω 中至少存在一个不动点 $\left(u_1^*, u_2^*, \cdots, u_n^* \right)$ 满足：

$$\left(u_1^*, u_2^*, \cdots, u_n^*\right) = P\left(u_1^*, u_2^*, \cdots, u_n^*\right) \tag{3.14}$$

同理也满足等式 (3.10)。由条件 $(1)\sim(4)$ 可知，存在正常数 $p_{i\varepsilon}$ 和 $q_{i\varepsilon}$，满足以下不等式：

$$p_{i\varepsilon} \equiv \min_{-(N_i+\varepsilon)\leqslant\omega\leqslant N_i+\varepsilon} g_i'(\omega) \leqslant \max_{-(N_i+\varepsilon)\leqslant\omega\leqslant N_i+\varepsilon} g_i'(\omega) \equiv q_{i\varepsilon}, \quad i=1,2,\cdots,n \tag{3.15}$$

3.2 模型的稳定性分析

针对模型稳定性的讨论，可以采用构造 Lyapunov 函数的方法，并结合 Brouwer 不动点定理及引理 3.1，获得模型 (3.1) 依赖时滞的全局或局部渐近稳定性的充分条件，在以下讨论中 p_i 和 q_i 分别定义为当 $\varepsilon\to 0$ 时式 (3.15) 中 $p_{i\varepsilon}$ 和 $q_{i\varepsilon}$ 的极限[2]。

条件 (5)　存在正常数 $\lambda_i(i=1,2,\cdots,n)$ 使得如下矩阵 $R = \begin{bmatrix} \sigma_1 & r_{12} & r_{13} & \cdots & r_{1n} \\ r_{21} & \sigma_2 & r_{23} & \cdots & r_{2n} \\ \vdots & \vdots & \vdots & & \vdots \\ r_{n1} & r_{n2} & r_{n3} & \cdots & \sigma_n \end{bmatrix}$

是负定，即有 $(-1)^i \begin{bmatrix} \sigma_1 & r_{12} & r_{13} & \cdots & r_{1n} \\ r_{21} & \sigma_2 & r_{23} & \cdots & r_{2n} \\ \vdots & \vdots & \vdots & & \vdots \\ r_{n1} & r_{n2} & r_{n3} & \cdots & \sigma_n \end{bmatrix} > 0 \;\; (i=1,2,\cdots,n)$ 成立。

其中

$$\sigma_i = \lambda_i\left(-\frac{D_i}{q_i} + w_{ii} + w_{ii}^\tau\right) + \frac{1}{2}\sum_{j=1}^{n}\left(\frac{q_j\overline{D}_j}{p_j}\lambda_i\left|w_{ij}^\tau\right|\int_0^{+\infty} sK_{ij}(s)\mathrm{d}s + \frac{q_i\overline{D}_i}{p_i}\lambda_j\left|w_{ji}^\tau\right|\int_0^{+\infty} sK_{ji}(s)\mathrm{d}s\right)$$

$$+ \sum_{j=1}^{n}\frac{q_j}{2}\left(\lambda_i\left|w_{ij}^\tau\right|\sum_{k=1}^{n}(\left|w_{jk}\right| + \left|w_{jk}^\tau\right|)\int_0^{+\infty} sK_{ij}(s)\mathrm{d}s + \sum_{k=1}^{n}\lambda_k\left|w_{kj}^\tau\right|(\left|w_{ji}\right| + \left|w_{ji}^\tau\right|)\int_0^{+\infty} sK_{kj}(s)\mathrm{d}s\right)$$

$$r_{ij} = \frac{1}{2}\left[\lambda_i(w_{ij} + w_{ij}^\tau) + \lambda_j(w_{ji} + w_{ji}^\tau)\right], \quad i\neq j$$

定理 3.1　假设 $w_{ij}^\tau\neq 0$, $i,j=1,2,\cdots,n$，条件 $(1)\sim(5)$ 均成立，则模型 (3.1) 中的平衡点 $(u_1^*, u_2^*, \cdots, u_n^*)$ 是全局渐近稳定的。

证明　为了研究模型的稳定性，通常都是变换 $x_j(t) = u_j(t) - u_j^*$ $(j=1,2,\cdots,n)$ 将系统的平衡点转换到坐标原点，这样模型 (3.1) 可以转化为如下形式：

$$\dot{x}_i(t) = -h_i(x_i(t)) + \sum_{j=1}^{n} w_{ij}f_j(x_j(t)) + \sum_{j=1}^{n} w_{ij}^\tau\int_{-\infty}^{t} K_{ij}(t-s)f_j(x_j(s))\mathrm{d}s, \quad i=1,2,\cdots,n \tag{3.16}$$

其中

$$f_j(x_j(t)) = g_j(x_j(t) + u_j^*) - g_j(u_j^*), \quad j = 1, 2, \cdots, n$$

$$h_i(x_i(t)) = d_i(x_i(t) + u_i^*) - d_i(u_i^*), \quad i = 1, 2, \cdots, n$$

选择 Lyapunov 函数如下：

$$W_1 = \sum_{j=1}^{n} \lambda_i \int_0^{x_i(t)} f_i(\xi) \mathrm{d}\xi \tag{3.17}$$

则其右上狄尼导数为

$$D^+ W_1 |_{(11)} = \sum_{i=1}^{n} \lambda_i f_i(x_i(t)) \left(-d_i(x_i(t)) + w_{ii} f_i(x_i(t)) + w_{ii}^\tau f_i(x_i(t)) \right)$$

$$+ \sum_{i=1}^{n} \lambda_i f_i(x_i(t)) \beta_i + \sum_{i=1}^{n} \sum_{\substack{j=1 \\ i \neq j}}^{n} \lambda_i (w_{ij} + w_{ij}^\tau) f_i(x_i(t)) f_j(x_j(t)) \tag{3.18}$$

$$\beta_i = \sum_{j=1}^{n} w_{ij}^\tau \int_0^{+\infty} K_{ij}(s) \int_{t-s}^{t} f_j'(x_j(\xi)) x_j'(\xi) \mathrm{d}\xi \mathrm{d}s$$

由式(3.15)和式(3.16)知：

$$p_{i\varepsilon} \equiv \min_{-(N_i+\varepsilon) \leqslant w \leqslant N_i+\varepsilon} f_i'(w) \leqslant \max_{-(N_i+\varepsilon) \leqslant w \leqslant N_{i+\varepsilon}} f_i'(w) \equiv q_{i\varepsilon} \tag{3.19}$$

当 $t \to \infty$ 时，有

$$|x_i(t)| \leqslant \frac{|f_i(x_i(t))|}{p_{i\varepsilon}} \tag{3.20}$$

由式(3.15)、式(3.16)、式(3.19)、式(3.20)和条件(1)，有以下推导结果：

$$|f_i(x_i(t)) \beta_i| \leqslant |f_i(x_i(t))| \sum_{j=1}^{n} |w_{ij}^\tau| \int_0^{+\infty} K_{ij}(s) \int_{t-s}^{t} |f_j'(x_j(\xi))| |x_j'(\xi)| \mathrm{d}\xi \mathrm{d}s$$

$$\leqslant |f_i(x_i(t))| \sum_{j=1}^{n} |w_{ij}^\tau| \int_0^{+\infty} K_{ij}(s) \int_{t-s}^{t} q_{j\varepsilon} \left(|h_j(x_j(\xi))| + \sum_{k=1}^{n} |w_{jk}| |f_k(x_k(\xi))| \right.$$

$$\left. + \sum_{k=1}^{n} |w_{jk}^\tau| \left| \int_0^{+\infty} K_{jk}(s) |f_k(x_k(\xi-s))| \right| \mathrm{d}s \mathrm{d}\xi \mathrm{d}s \right.$$

$$\leqslant |f_i(x_i(t))| \sum_{j=1}^{n} |w_{ij}^\tau| \int_0^{+\infty} K_{ij}(s) \int_{t-s}^{t} q_{j\varepsilon} \left(\frac{\overline{D}_j}{p_{j\varepsilon}} |f_j(x_j(\xi))| + \sum_{k=1}^{n} |w_{jk}| |f_k(x_k(\xi))| \right.$$

$$\left. + \sum_{k=1}^{n} |w_{jk}^\tau| \left| \int_0^{+\infty} K_{jk}(s) |f_k(x_k(\xi-s))| \right| \mathrm{d}s \mathrm{d}\xi \mathrm{d}s \right.$$

$$\leqslant \frac{1}{2}\sum_{j=1}^{n}\left|w_{ij}^{\tau}\right|q_{j\varepsilon}\int_{0}^{+\infty}sK_{ij}(s)\mathrm{d}s\left(\frac{\overline{D}_{j}}{p_{j\varepsilon}}+\sum_{k=1}^{n}\left(\left|w_{jk}\right|+\left|w_{jk}^{\tau}\right|\right)\right)f_{i}^{2}(x_{i}(t))$$

$$+\frac{1}{2}\sum_{j=1}^{n}\left|w_{ij}^{\tau}\right|\int_{0}^{+\infty}K_{ij}(s)\int_{t-s}^{t}q_{j\varepsilon}\left(\frac{\overline{D}_{j}}{p_{j\varepsilon}}f_{j}^{2}(x_{j}(\xi))+\sum_{k=1}^{n}\left|w_{jk}\right|f_{k}^{2}(x_{k}(\xi))\right.$$

$$\left.+\sum_{k=1}^{n}\left|w_{jk}^{\tau}\right|\int_{0}^{+\infty}K_{jk}(s)f_{k}^{2}(x_{k}(\xi-s))\mathrm{d}s\right)\mathrm{d}\xi\mathrm{d}s$$

$$=\sum_{j=1}^{n}\left|w_{jk}^{\tau}\right|\left(B_{ij\varepsilon}f_{i}^{2}(x_{i}(t))+\int_{0}^{+\infty}K_{ij}(s)\int_{t-s}^{t}\delta_{j\varepsilon}(\xi)\mathrm{d}\xi\mathrm{d}s\right)$$

$$B_{ij\varepsilon}=\frac{1}{2}q_{j\varepsilon}\int_{0}^{+\infty}sK_{ij}(s)\mathrm{d}s\left(\frac{\overline{D}_{j}}{p_{j\varepsilon}}+\sum_{k=1}^{n}\left(\left|w_{jk}\right|+\left|w_{jk}^{\tau}\right|\right)\right)$$

$$\delta_{j\varepsilon}(\xi,s)=\frac{1}{2}q_{j\varepsilon}\left(\frac{\overline{D}_{j}}{p_{j\varepsilon}}f_{j}^{2}(x_{j}(\xi))+\sum_{k=1}^{n}\left|w_{jk}\right|f_{k}^{2}(x_{k}(\xi))+\sum_{k=1}^{n}\left|w_{jk}^{\tau}\right|\int_{0}^{+\infty}K_{jk}(s)f_{k}^{2}(x_{k}(\xi-s))\mathrm{d}s\right)$$

由条件 (1) 和式 (3.19)、式 (3.20) 又可以得出以下结果:

$$f_{i}(x_{i}(t))[-d_{i}(x_{i}(t))+w_{ii}f_{i}(x_{i}(t))+w_{ii}^{\tau}f_{i}(x_{i}(t))]$$

$$\leqslant -\underline{D}_{i}x_{i}(t)f_{i}(x_{i}(t))+(w_{ii}+w_{ii}^{\tau})f_{i}^{2}(x_{i}(t))$$

$$\leqslant\left(-\frac{\underline{D}_{i}}{q_{j\varepsilon}}+(w_{ii}+w_{ii}^{\tau})\right)f_{i}^{2}(x_{i}(t))$$

通过以上获得的两个结果，可以将式 (3.18) 改写为

$$D^{+}W_{1}\big|_{(11)}\leqslant\sum_{i=1}^{n}\lambda_{i}\left(-\frac{\underline{D}_{i}}{q_{i\varepsilon}}+(w_{ii}+w_{ii}^{\tau})\right)f_{i}^{2}(x_{i}(t))$$

$$+\sum_{i=1}^{n}\sum_{j=1}^{n}\lambda_{i}\left|w_{ij}^{\tau}\right|\left(B_{ij\varepsilon}f_{i}^{2}(x_{i}(t))+\int_{0}^{+\infty}K_{ij}(s)\int_{t-s}^{t}\delta_{j\varepsilon}(\xi,s)\mathrm{d}s\mathrm{d}\xi\right)$$

$$+\sum_{i=1}^{n}\sum_{\substack{j=1\\j\neq i}}^{n}\lambda_{i}(w_{ij}+w_{ij}^{\tau})f_{i}(x_{i}(t))f_{j}(x_{j}(t))$$

令

$$W_{2}=\sum_{i=1}^{n}\sum_{j=1}^{n}\lambda_{i}\left|w_{ij}^{\tau}\right|\left(\int_{0}^{+\infty}K_{ij}(s)\int_{t-s}^{t}\int_{\theta}^{t}\eta_{j\varepsilon}(\xi,s)\mathrm{d}\xi\mathrm{d}\theta\mathrm{d}s\right.$$

$$\left.+\frac{q_{j\varepsilon}}{2}\int_{0}^{+\infty}sK_{ij}(s)\mathrm{d}s\sum_{k=1}^{n}\left|w_{ij}^{\tau}\right|\int_{t-s}^{t}f_{k}^{2}(x_{k}(\xi))\mathrm{d}\xi\mathrm{d}s\right)$$

(3.21)

其导数为

$$D^+W_2\,|_{(5)} = \sum_{i=1}^{n}\sum_{j=1}^{n}\lambda_i\left|w_{ij}^{\tau}\right|\int_0^{+\infty}K_{ij}(s)\left[s\delta_{j\varepsilon}(t,s) - \int_{t-s}^{t}\delta_{j\varepsilon}(\xi,s)\mathrm{d}\xi\right]\mathrm{d}s$$

$$+\frac{1}{2}\sum_{i=1}^{n}\sum_{j=1}^{n}\lambda_i\left|w_{ij}^{\tau}\right|\int_0^{+\infty}sK_{ij}(s)\mathrm{d}s\left\{\sum_{k=1}^{n}\left|w_{jk}^{\tau}\right|\int_0^{+\infty}K_{jk}(s)[f_k^2 x_k(t)\right.$$

$$\left. - f_k^2(x_k(t-s))]\mathrm{d}s\right\}$$

所以有

$$D^+W = D^+W_1 + D^+W_2$$

$$\leqslant \sum_{i=1}^{n}\lambda_i\left[-\frac{D_i}{q_{i\varepsilon}} + (w_{ii}+w_{ii}^{\tau})\right]f_i^2(x_i(t)) + \sum_{i=1}^{n}\sum_{j=1}^{n}\lambda_i\left|w_{ij}^{\tau}\right|B_{ij}f_i^2(x_i(t))$$

$$+\sum_{i=1}^{n}\sum_{\substack{j=1\\j\neq i}}^{n}\lambda_i(w_{ij}+w_{ij}^{\tau})f_i(x_i(t))f_j(x_j(t)) + \sum_{i=1}^{n}\sum_{j=1}^{n}\lambda_i\left|w_{ij}^{\tau}\right|\int_0^{+\infty}sK_{ij}(s)\delta_{j\varepsilon}(t,s)\mathrm{d}s$$

$$+\frac{1}{2}\sum_{i=1}^{n}\sum_{j=1}^{n}\lambda_i\left|w_{ij}^{\tau}\right|\left|w_{jk}^{\tau}\right|\int_0^{+\infty}sK_{ij}(s)(f_k^2 x_k(t) - f_k^2(x_k(t-s)))\mathrm{d}s$$

$$=\sum_{i=1}^{n}\lambda_i\left(-\frac{D_i}{q_{i\varepsilon}} + w_{ii} + w_{ii}^{\tau} + \frac{1}{2}\sum_{j=1}^{n}\left|w_{ij}^{\tau}\right|q_{j\varepsilon}\int_0^{+\infty}sK_{ij}(s)\mathrm{d}s\left[\frac{\bar{D}_j}{p_{j\varepsilon}} + \sum_{k=1}^{n}(\left|w_{jk}\right| + \left|w_{jk}^{\tau}\right|)\right]\right)f_i^2(x_i(t))$$

$$+\frac{1}{2}\sum_{i=1}^{n}\sum_{j=1}^{n}\lambda_i\left|w_{ij}^{\tau}\right|\int_0^{+\infty}sK_{ij}(s)\mathrm{d}s\,q_{j\varepsilon}\left(\frac{\bar{D}_j}{p_{j\varepsilon}}f_j^2(x_j(t)) + \sum_{k=1}^{n}\left|w_{jk}\right|f_k^2(x_k(t))\right.$$

$$\left. +\sum_{k=1}^{n}\left|w_{ij}^{\tau}\right|\int_0^{+\infty}K_{jk}(s)f_k^2(x_k(\xi-s))\mathrm{d}s\right)$$

$$+\frac{1}{2}\sum_{i=1}^{n}\sum_{j=1}^{n}\lambda_i\left|w_{ij}^{\tau}\right|q_{j\varepsilon}\int_0^{+\infty}sK_{ij}(s)\mathrm{d}s\left(\sum_{k=1}^{n}\left|w_{jk}^{\tau}\right|f_k^2(x_k(t))\right)$$

$$+\sum_{i=1}^{n}\sum_{\substack{j=1\\j\neq i}}^{n}\lambda_i(w_{ij}+w_{ij}^{\tau})f_i(x_i(t))f_j(x_j(t))$$

$$=\sum_{i=1}^{n}\left\{\lambda_i\left[-\frac{D_i}{q_{i\varepsilon}} + w_{ii} + w_{ii}^{\tau} + \frac{1}{2}\sum_{j=1}^{n}\left|w_{ij}^{\tau}\right|q_{j\varepsilon}\left(\frac{\bar{D}_j}{p_{j\varepsilon}} + \sum_{k=1}^{n}(\left|w_{jk}\right| + \left|w_{jk}^{\tau}\right|)\right)\int_0^{+\infty}sK_{ij}(s)\mathrm{d}s\right.\right.$$

$$+\frac{q_{i\varepsilon}\bar{D}_i}{2p_{i\varepsilon}}\sum_{j=1}^{n}\lambda_j\left|w_{ij}^{\tau}\right|\int_0^{+\infty}sK_{ij}(s)\mathrm{d}s$$

$$\left.\left. +\frac{1}{2}\sum_{j=1}^{n}\sum_{k=1}^{n}\lambda_k q_{j\varepsilon}\left|w_{jk}^{\tau}\right|\int_0^{+\infty}sK_{kj}(s)\mathrm{d}s(\left|w_{ji}\right| + \left|w_{ji}^{\tau}\right|)\right]\right\}f_i^2(x_i(t))$$

$$+\sum_{i=1}^{n}\sum_{\substack{j=1\\j\neq i}}^{n}\lambda_i(w_{ij}+w_{ij}^{\tau})f_i(x_i(t))f_j(x_j(t))$$

$$
\begin{aligned}
=\sum_{i=1}^{n}\Bigg\{&\lambda_i\Bigg[-\frac{D_i}{q_{i\varepsilon}}+w_{ii}+w_{ii}^{\tau}+\frac{1}{2}\sum_{j=1}^{n}\Bigg(\frac{q_{j\varepsilon}\bar{D}_j}{p_{j\varepsilon}}\lambda_i\left|w_{ij}^{\tau}\right|\int_{0}^{+\infty}sK_{ij}(s)\mathrm{d}s+\frac{q_{i\varepsilon}\bar{D}_i}{p_{i\varepsilon}}\lambda_j\left|w_{ij}^{\tau}\right|\int_{0}^{+\infty}sK_{ij}(s)\mathrm{d}s\Bigg)\\
&+\sum_{j=1}^{n}\frac{q_{j\varepsilon}}{2}\Bigg(\lambda_j\left|w_{ij}^{\tau}\right|\int_{0}^{+\infty}sK_{ij}(s)\mathrm{d}s\sum_{k=1}^{n}\left(\left|w_{jk}\right|+\left|w_{jk}^{\tau}\right|\right)\\
&+\sum_{k=1}^{n}\lambda_k\left|w_{kj}^{\tau}\right|\int_{0}^{+\infty}sK_{kj}(s)\mathrm{d}s\left(\left|w_{ji}\right|+\left|w_{ji}^{\tau}\right|\right)\Bigg)\Bigg]f_i^2(x_i(t))\\
&+\sum_{i=1}^{n}\sum_{\substack{j=1\\j\neq i}}^{n}\lambda_i(w_{ij}+w_{ij}^{\tau})f_i(x_i(t))f_j(x_j(t))
\end{aligned}
$$

$$
=[f_1(x_1(t)),f_2(x_2(t)),\cdots,f_n(x_n(t))]R(\varepsilon)[f_1(x_1(t)),f_2(x_2(t)),\cdots,f_n(x_n(t))]^{\mathrm{T}}<0
$$

这里

$$
R(\varepsilon)=\begin{bmatrix}
\sigma_1(\varepsilon) & r_{12} & r_{13} & \cdots & r_{1n}\\
r_{21} & \sigma_2(\varepsilon) & r_{23} & \cdots & r_{2n}\\
\vdots & \vdots & \vdots & & \vdots\\
r_{n1} & r_{n2} & r_{n3} & \cdots & \sigma_n(\varepsilon)
\end{bmatrix}
$$

$$
\begin{aligned}
\sigma_i(\varepsilon)=&\lambda_i\left(-\frac{D_i}{q_{i\varepsilon}}+w_{ii}+w_{ii}^{\tau}\right)+\frac{1}{2}\sum_{j=1}^{n}\left[\frac{q_{j\varepsilon}\bar{D}_j}{p_{j\varepsilon}}\lambda_i\left|w_{ij}^{\tau}\right|\int_{0}^{+\infty}sK_{ij}(s)\mathrm{d}s+\frac{q_{i\varepsilon}\bar{D}_i}{p_{i\varepsilon}}\lambda_j\left|w_{ij}^{\tau}\right|\int_{0}^{+\infty}sK_{ji}(s)\mathrm{d}s\right]\\
&+\sum_{j=1}^{n}\frac{q_{j\varepsilon}}{2}\left[\lambda_i\left|w_{ij}^{\tau}\right|\sum_{k=1}^{n}\left(\left|w_{jk}\right|+\left|w_{jk}^{\tau}\right|\right)\int_{0}^{+\infty}sK_{ij}(s)\mathrm{d}s+\sum_{k=1}^{n}\lambda_k\left|w_{kj}^{\tau}\right|\left(\left|w_{jk}\right|+\left|w_{jk}^{\tau}\right|\right)\int_{0}^{+\infty}sK_{ij}(s)\mathrm{d}s\right]
\end{aligned}
$$

$$
r_{ij}=\frac{1}{2}\left[\lambda_i(w_{ij}+w_{ij}^{\tau})+\lambda_j(w_{ji}+w_{ji}^{\tau})\right],\quad i\neq j;\ \ i,j=1,2,\cdots,n
$$

从上述分析可知，模型(3.16)存在 Lyapunov 函数 $W=W(x_t)\geqslant0$，其导数 D^+W 满足：

$$
D^+W\mid_{(5)}\leqslant-\delta(\varepsilon)\sum_{j=1}^{n}f_j^2(x_j(t))\tag{3.22}
$$

其中，$\delta(\varepsilon)$ 是一个正常数，对式(3.22)在区间 $[-\infty,t]$ 上进行积分，可得

$$
W(x_t)+\delta(\varepsilon)\int_{-\infty}^{t}\sum_{j=1}^{n}f_j^2(x_j(\xi))\mathrm{d}\xi\leqslant W(x_{-\infty})
$$

由此可见：

$$
\sum_{j=1}^{n}\int_{0}^{+\infty}f_j^2(x_j(\xi))\mathrm{d}\xi<+\infty
$$

从条件(2)和(3)以及式(3.16)可见 $f_j^2(x_j(t))$ $(j=1,2,\cdots,n)$ 在 $\mathbf{R}_+$ 上一致连续，根据引理 3.1 则有

$$
\lim_{t\to+\infty}\left|f_j(x_j(t))\right|=0,\quad j=1,2,\cdots,n
$$

由式(3.20)有

$$\lim_{t\to+\infty} x_j(t)=0, \quad j=1,2,\cdots,n$$

即

$$\lim_{t\to+\infty} u_j(t)=u_j^*, \quad j=1,2,\cdots,n$$

这样平衡点 $(u_1^*,u_2^*,\cdots,u_n^*)$ 是全局渐近稳定的。证毕。

推论 3.1 设 $w_{ij}^\tau \neq 0$, $i,j=1,2,\cdots,n$，并且满足 3.1 节中的四个条件，同时如下条件(6)中 $\gamma_{i\varepsilon}<0$ 成立，则模型中的平衡点 $(u_1^*,u_2^*,\cdots,u_n^*)$ 是全局渐近稳定的。

条件(6) 存在正数 λ_i $(i=1,2,\cdots,n)$ 使得

$$\gamma_{i\varepsilon}=\lambda_i\left(-\frac{D_i}{q_i}+w_{ii}+w_{ii}^\tau\right)+\frac{1}{2}\sum_{j=1}^{n}\left[\frac{q_j\bar{D}_j}{p_j}\lambda_i\left|w_{ij}^\tau\right|\int_0^{+\infty}sK_{ij}(s)\mathrm{d}s+\frac{q_i\bar{D}_i}{p_i}\lambda_j\left|w_{ji}^\tau\right|\int_0^{+\infty}sK_{ji}(s)\mathrm{d}s\right]$$

$$+\sum_{j=1}^{n}\frac{q_j}{2}\left[\lambda_i\left|w_{ij}^\tau\right|\sum_{k=1}^{n}(\left|w_{jk}\right|+\left|w_{jk}^\tau\right|)\int_0^{+\infty}sK_{ij}(s)\mathrm{d}s+\sum_{k=1}^{n}\lambda_k\left|w_{kj}^\tau\right|(\left|w_{jk}\right|+\left|w_{jk}^\tau\right|)\int_0^{+\infty}sK_{ij}(s)\mathrm{d}s\right]$$

$$+\frac{1}{2}(\lambda_i\left|w_{ij}+w_{ij}^\tau\right|+\lambda_j\left|w_{ji}+w_{ji}^\tau\right|)<0$$

证明 由定理 3.1 的证明可获得

$$D^+W=D^+W_1+D^+W_2$$

$$\leqslant \sum_{i=1}^{n}\left\{\lambda_i\left(-\frac{D_i}{q_{i\varepsilon}}+w_{ii}+w_{ii}^\tau\right)\right.$$

$$+\frac{1}{2}\sum_{j=1}^{n}\left[\frac{q_{j\varepsilon}\bar{D}_j}{p_{j\varepsilon}}\lambda_j\left|w_{ij}^\tau\right|\int_0^{+\infty}sK_{ij}(s)\mathrm{d}s+\frac{q_{i\varepsilon}\bar{D}_i}{p_{i\varepsilon}}\lambda_j\left|w_{ij}^\tau\right|\int_0^{+\infty}sK_{ij}(s)\mathrm{d}s\right]$$

$$+\sum_{j=1}^{n}\frac{q_{j\varepsilon}}{2}\left[\lambda_j\left|w_{ij}^\tau\right|\int_0^{+\infty}sK_{ij}(s)\mathrm{d}s\sum_{k=1}^{n}(\left|w_{jk}\right|+\left|w_{jk}^\tau\right|)\right.$$

$$\left.+\sum_{k=1}^{n}\lambda_k\left|w_{kj}^\tau\right|\int_0^{+\infty}sK_{kj}(s)\mathrm{d}s(\left|w_{ji}\right|+\left|w_{ji}^\tau\right|)\right]\right\}f_i^2(x_i(t))$$

$$+\sum_{i=1}^{n}\sum_{j=1}^{n}\lambda_i(w_{ij}+w_{ij}^\tau)f_i(x_i(t))f_j(x_j(t))$$

$$\leqslant \sum_{i=1}^{n}\left\{\lambda_i\left(-\frac{D_i}{q_{i\varepsilon}}+w_{ii}+w_{ii}^\tau\right)+\frac{1}{2}\sum_{j=1}^{n}\left[\frac{q_{j\varepsilon}\bar{D}_j}{p_{j\varepsilon}}\lambda_j\left|w_{ij}^\tau\right|\tau_{ij}(t)+\frac{q_{i\varepsilon}\bar{D}_i}{p_{i\varepsilon}}\lambda_j\left|w_{ij}^\tau\right|\tau_{ji}(t)\right]\right.$$

$$+\frac{1}{2}\sum_{j=1}^{n}\left[\lambda_j q_{j\varepsilon}\tau_{ij}(t)\left|w_{ij}^\tau\right|\sum_{k=1}^{n}(\left|w_{jk}\right|+\left|w_{jk}^\tau\right|)+\sum_{k=1}^{n}\lambda_k q_{j\varepsilon}\left|w_{kj}^\tau\right|\tau_{kj}(t)(\left|w_{jk}\right|+\left|w_{jk}^\tau\right|)\right]$$

$$\left.+\frac{1}{2}\sum_{\substack{j=1\\j\neq i}}^{n}(\lambda_i\left|w_{ij}+w_{ij}^\tau\right|+\lambda_j\left|w_{ji}+w_{ji}^\tau\right|)\right\}f_i^2(x_i(t))$$

$$\leq \sum_{i=1}^{n} \gamma_{i\varepsilon} f_i^2(x_i(t))$$

$$\gamma_{i\varepsilon} = \left\{ \lambda_i \left(-\frac{D_i}{q_{i\varepsilon}} + w_{ii} + w_{ii}^{\tau} \right) + \frac{1}{2} \sum_{\substack{j=1 \\ j \neq i}}^{n} \left[\frac{q_{j\varepsilon} \overline{D}_j}{p_{j\varepsilon}} \lambda_j \left| w_{ij}^{\tau} \right| \tau_{ij}(t) + \frac{q_{i\varepsilon} \overline{D}_i}{p_{i\varepsilon}} \lambda_j \left| w_{ji}^{\tau} \right| \tau_{ji}(t) \right] \right.$$

$$+ \frac{1}{2} \sum_{j=1}^{n} \left[\lambda_j q_{j\varepsilon} \tau_{ij}(t) \left| w_{ij}^{\tau} \right| \sum_{k=1}^{n} (\left| w_{jk} \right| + \left| w_{jk}^{\tau} \right|) + \sum_{k=1}^{n} \lambda_k q_{j\varepsilon} \left| w_{kj}^{\tau} \right| \tau_{kj}(t)(\left| w_{jk} \right| + \left| w_{jk}^{\tau} \right|) \right]$$

$$\left. + \frac{1}{2} \sum_{j=1}^{n} (\lambda_i \left| w_{ij} + w_{ij}^{\tau} \right| + \lambda_j \left| w_{ji} + w_{ji}^{\tau} \right|) \right\}$$

类似于定理 3.1 的证明，所以若 $\gamma_{i\varepsilon} < 0$ 成立，则平衡点 $(u_1^*, u_2^*, \cdots, u_n^*)$ 也是全局渐近稳定的。证毕。

定理 3.2　设 $w_{ij}^{\tau} \neq 0$，$i, j = 1, 2, \cdots, n$，并且满足 3.1 节中的四个条件，同时如下条件 (7) 中矩阵 R 是负定的，则模型中的平衡点 $(u_1^*, u_2^*, \cdots, u_n^*)$ 是局部渐近稳定的。

条件 (7)　存在正数 $\lambda_i (i = 1, 2, \cdots, n)$ 使得如下矩阵 R 是负定的，则可知平衡点 $(u_1^*, u_2^*, \cdots, u_n^*)$ 也是局部渐近稳定的。也就是说：

$$R = \begin{bmatrix} \eta_1 & r_{12} & r_{13} & \cdots & r_{1n} \\ r_{21} & \eta_2 & r_{23} & \cdots & r_{2n} \\ \vdots & \vdots & \vdots & & \vdots \\ r_{n1} & r_{n2} & r_{n3} & \cdots & \eta_n \end{bmatrix}$$

负定，即

$$(-1)^i \begin{bmatrix} \eta_1 & r_{12} & r_{13} & \cdots & r_{1n} \\ r_{21} & \eta_2 & r_{23} & \cdots & r_{2n} \\ \vdots & \vdots & \vdots & & \vdots \\ r_{n1} & r_{n2} & r_{n3} & \cdots & \eta_n \end{bmatrix} > 0, \qquad i = 1, 2, \cdots, n$$

$$\eta_i = \lambda_i \left(-\frac{D_i}{g_i(u_i^*)} + w_{ii} + w_{ii}^{\tau} \right) + \frac{1}{2} \sum_{j=1}^{n} \left[\overline{D}_j \lambda_i \left| w_{ij}^{\tau} \right| \int_0^{+\infty} s K_{ij}(s) \mathrm{d}s + \overline{D}_i \lambda_j \left| w_{ji}^{\tau} \right| \int_0^{+\infty} s K_{ji}(s) \mathrm{d}s \right]$$

$$+ \sum_{j=1}^{n} \frac{g_j(u_j^*)}{2} \left[\lambda_i \left| w_{ij}^{\tau} \right| \sum_{k=1}^{n} (\left| w_{jk} \right| + \left| w_{jk}^{\tau} \right|) \int_0^{+\infty} s K_{ij}(s) \mathrm{d}s + \sum_{k=1}^{n} \lambda_k \left| w_{kj}^{\tau} \right| (\left| w_{ji} \right| + \left| w_{ji}^{\tau} \right|) \int_0^{+\infty} s K_{kj}(s) \mathrm{d}s \right]$$

$$r_{ij} = \frac{1}{2} \left[\lambda_i (w_{ij} + w_{ij}^{\tau}) + \lambda_j (w_{ji} + w_{ji}^{\tau}) \right], \qquad i \neq j$$

证明　模型在平衡点处的线性部分可以写为如下形式：

$$\dot{u}_i(t) = -d_i(u_i(t)) + \sum_{j=1}^n w_{ij} g_j'(u_j^*) u_j(t)$$

$$+ \sum_{j=1}^n w_{ij}^\tau g_j'(u_j^*) \int_{-\infty}^t K_{ij}(t-s) u_j(s) \mathrm{d}s \equiv G_i(\cdot), \quad i = 1, 2, \cdots, n \tag{3.23}$$

当 $t \geqslant \tau$ 时，可以将式(3.23)改写为

$$\dot{u}_i(t) = [-d_i(u_i(t)) + (w_{ii} + w_{ii}^\tau) g_i'(u_i^*) + \sum_{\substack{j=1 \\ j \neq i}}^n (w_{ij} + w_{ij}^\tau) g_j'(u_j^*) u_j(t)]$$

$$+ \sum_{j=1}^n w_{ij}^\tau g_j'(u_j^*) \int_{-\infty}^t \int_+^s K_{ij}(t-s) G_i(\xi) \mathrm{d}\xi \mathrm{d}s \tag{3.24}$$

由文献[3]中的证明可知，式(3.24)的稳定性解也就是式(3.23)的解，为获得式(3.24)的稳定性条件，参照定理 3.1 的证明构造相同的 Lyapunov 函数 $\overline{V} = \overline{V}(u_t) = W$ ，则

$$\overline{V} = \frac{1}{2} \sum_{i=1}^n \lambda_i g_i'(u_i^*) u_i^2(t) + \overline{V}_2$$

其中，函数 $\overline{V}_2 = \overline{V}_2(u_t) = W_2$。同时设定 $p_{i\varepsilon} = q_{i\varepsilon} = g_i'(u_i^*)$, $i = 1, 2, \cdots, n$。类似式(3.22)的分析方式，显然有在满足前四个条件以及条件(7)的情况下，下面公式成立：

$$\sum_{j=1}^n \int_0^{+\infty} u_j^2(t) < +\infty$$

同时解 $u_j (j = 1, 2, \cdots, n)$ 在 $\mathbf{R}_+$ 上有界并一致连续。进一步由引理 3.1 可以获得 $\lim_{t \to \infty} x_j(t) = 0$, $j = 1, 2, \cdots, n$，则有 $\lim_{t \to \infty} u_j(t) = u_j^*$, $j = 1, 2, \cdots, n$，所以平衡点 $(u_1^*, u_2^*, \cdots, u_n^*)$ 是局部渐近稳定的。证毕。

推论 3.2　假设 $w_{ij}^\tau \neq 0$, $i, j = 1, 2, \cdots, n$ ，并且满足 3.1 节中的四个条件，同时满足条件(8)中 $\eta_i' < 0$ 成立，则模型中的平衡点 $(u_1^*, u_2^*, \cdots, u_n^*)$ 是局部渐近稳定的。

条件(8)　存在正常数 $\lambda_i(i = 1, 2, \cdots, n)$ ，使得

$$\eta_i' = \lambda_i \left(-\frac{D_i}{g_i(u_i^*)} + w_{ii} + w_{ii}^\tau \right) + \frac{1}{2} \sum_{j=1}^n \left[\overline{D}_i \lambda_i |w_{ij}^\tau| \int_0^{+\infty} s K_{ij}(s) \mathrm{d}s + \overline{D}_i \lambda_j |w_{ji}^\tau| \int_0^{+\infty} s K_{ji}(s) \mathrm{d}s \right]$$

$$+ \sum_{j=1}^n \frac{g_j(u_j^*)}{2} \left[\lambda_i |w_{ij}^\tau| \sum_{k=1}^n (|w_{jk}| + |w_{jk}^\tau|) \int_0^{+\infty} s K_{ij}(s) \mathrm{d}s + \sum_{k=1}^n \lambda_k |w_{kj}^\tau| (|w_{ji}| + |w_{ji}^\tau|) \int_0^{+\infty} s K_{kj}(s) \mathrm{d}s \right]$$

$$+ \frac{1}{2} \sum_{j=1}^n (\lambda_i |w_{ij}| + |w_{ij}^\tau| + \lambda_j |w_{ji}| + |w_{ji}^\tau|) < 0$$

证明　推论 3.2 的证明类似于推论 3.1 的证明。

考察模型(3.1)，如果 $d_i(x_i) = d_i x_i, d_i > 0, K_{ij}(t) = K_{ij}$(常数)，则模型可以转化

为带有常数时滞的 Hopfield 神经网络，系统模型如下：

$$\dot{u}_i(t) = -d_i u_i(t) + \sum_{j=1}^{n} w_{ij} g_j(u_j(t)) + \sum_{j=1}^{n} w_{ij}^\tau \int_{-\infty}^{t} K_{ij}(t-s) g_j(u_j(s)) ds + I_i, \quad i = 1, 2, \cdots, n \quad (3.25)$$

其中，$u_i(t)$ 是 t 时刻第 i 个神经元的细胞膜电位；$g_j(\cdot)$ 是激励函数的输入电位；w_{ij} 和 w_{ij}^τ 是神经元 i 和 j 之间的突触连接权重；K_{ij} 对应于神经元 i 和 j 轴突的传播时滞；I_i 是神经元 i 的外加偏压，为常向量；系数 d_i 是神经元 i 与其他神经元隔离时的自适应或者说重新启动的速率。

　　利用定理 3.1、定理 3.2 和推论 3.1、推论 3.2 的证明方法，由系统模型 (3.25) 可以得到以下一系列相关结论。

　　定理 3.3　假设 $w_{ij}^\tau \neq 0$ $(i, j = 1, 2, \cdots, n)$，并且满足 3.1 节中的 (2) ~ (4) 三个条件，则一定存在正数 $\lambda_i (i = 1, 2, \cdots, n)$，使得下述矩阵 R 是负定的，则模型中的平衡点 $(u_1^*, u_2^*, \cdots, u_n^*)$ 是唯一的且全局渐近稳定。

$$R = \begin{bmatrix} \delta_1 & r_{12} & r_{13} & \cdots & r_{1n} \\ r_{21} & \delta_2 & r_{23} & \cdots & r_{2n} \\ \vdots & \vdots & \vdots & & \vdots \\ r_{n1} & r_{n2} & r_{n3} & \cdots & \delta_n \end{bmatrix}$$

负定，即

$$(-1)^i \begin{vmatrix} \delta_1 & r_{12} & r_{13} & \cdots & r_{1n} \\ r_{21} & \delta_2 & r_{23} & \cdots & r_{2n} \\ \vdots & \vdots & \vdots & & \vdots \\ r_{n1} & r_{n2} & r_{n3} & \cdots & \delta_n \end{vmatrix} > 0, \quad i = 1, 2, \cdots, n$$

$$\delta_i = \lambda_i \left(-\frac{d_i}{q_i} + w_{ii} + w_{ii}^\tau \right) + \frac{1}{2} \sum_{j=1}^{n} \left[\frac{q_j d_j}{p_j} \lambda_i \left| w_{ij}^\tau \right| \int_0^{+\infty} s K_{ij}(s) ds + \frac{q_i d_i}{p_i} \lambda_j \left| w_{ji}^\tau \right| \int_0^{+\infty} s K_{ji}(s) ds \right]$$

$$+ \sum_{j=1}^{n} \frac{q_j}{2} \left[\lambda_i \left| w_{ij}^\tau \right| \sum_{k=1}^{n} \left(\left| w_{jk} \right| + \left| w_{jk}^\tau \right| \right) \int_0^{+\infty} s K_{ij}(s) ds + \sum_{k=1}^{n} \lambda_k \left| w_{kj}^\tau \right| \left(\left| w_{ji} \right| + \left| w_{ji}^\tau \right| \right) \int_0^{+\infty} s K_{kj}(s) ds \right]$$

$$r_{ij} = \frac{1}{2} \left[\lambda_i (w_{ij} + w_{ij}^\tau) + \lambda_j (w_{ji} + w_{ji}^\tau) \right], \quad i \neq j$$

　　推论 3.3　假设 $w_{ij}^\tau \neq 0$, $i, j = 1, 2, \cdots, n$，并且满足 3.1 节中的 (2) ~ (4) 三个条件，则一定存在正数 $\lambda_i (i = 1, 2, \cdots, n)$，使得

$$\delta_i' = \lambda_i \left(-\frac{d_i}{q_i} + w_{ii} + w_{ii}^\tau \right) + \frac{1}{2} \sum_{j=1}^n \left[\frac{q_j d_j}{p_j} \lambda_i \left| w_{ij}^\tau \right| \int_0^{+\infty} sK_{ij}(s)\mathrm{d}s + \frac{q_i d_i}{p_i} \lambda_j \left| w_{ji}^\tau \right| \int_0^{+\infty} sK_{ji}(s)\mathrm{d}s \right]$$

$$+ \sum_{j=1}^n \frac{q_j}{2} \left[\lambda_i \left| w_{ij}^\tau \right| \sum_{k=1}^n (\left| w_{jk} \right| + \left| w_{jk}^\tau \right|) \int_0^{+\infty} sK_{ij}(s)\mathrm{d}s + \sum_{k=1}^n \lambda_k \left| w_{kj}^\tau \right| (\left| w_{ji} \right| + \left| w_{ji}^\tau \right|) \int_0^{+\infty} sK_{kj}(s)\mathrm{d}s \right]$$

$$+ \frac{1}{2} \sum_{j=1}^n (\lambda_i \left| w_{ij} \right| + \left| w_{ij}^\tau \right| + \lambda_j \left| w_{ji} \right| + \left| w_{ji}^\tau \right|) < 0$$

则模型中的平衡点 $(u_1^*, u_2^*, \cdots, u_n^*)$ 是唯一的且全局渐近稳定。

定理 3.4　假设 $w_{ij}^\tau \neq 0$，$i, j = 1, 2, \cdots, n$，并且满足 3.1 节中的 (2) ～ (4) 三个条件，则一定存在正数 $\lambda_i (i = 1, 2, \cdots, n)$，使得下述矩阵 R 是负定的，则模型中的平衡点 $(u_1^*, u_2^*, \cdots, u_n^*)$ 是局部渐近稳定的。

$$R = \begin{bmatrix} \delta_1^* & r_{12} & r_{13} & \cdots & r_{1n} \\ r_{21} & \delta_2^* & r_{23} & \cdots & r_{2n} \\ \vdots & \vdots & \vdots & & \vdots \\ r_{n1} & r_{n2} & r_{n3} & \cdots & \delta_n^* \end{bmatrix}$$

负定，即

$$(-1)^i \begin{vmatrix} \delta_1^* & r_{12} & r_{13} & \cdots & r_{1n} \\ r_{21} & \delta_2^* & r_{23} & \cdots & r_{2n} \\ \vdots & \vdots & \vdots & & \vdots \\ r_{n1} & r_{n2} & r_{n3} & \cdots & \delta_n^* \end{vmatrix} > 0, \quad i = 1, 2, \cdots, n$$

$$\delta_i^* = \lambda_i \left(-\frac{d_i}{g_i(u_i^*)} + w_{ii} + w_{ii}^\tau \right) + \frac{1}{2} \sum_{j=1}^n \left[d_j \lambda_i \left| w_{ij}^\tau \right| \int_0^{+\infty} sK_{ij}(s)\mathrm{d}s + d_i \lambda_j \left| w_{ji}^\tau \right| \int_0^{+\infty} sK_{ji}(s)\mathrm{d}s \right]$$

$$+ \sum_{j=1}^n \frac{g_j(u_j^*)}{2} \left[\lambda_i \left| w_{ij}^\tau \right| \sum_{k=1}^n (\left| w_{jk} \right| + \left| w_{jk}^\tau \right|) \int_0^{+\infty} sK_{ij}(s)\mathrm{d}s + \sum_{k=1}^n \lambda_k \left| w_{kj}^\tau \right| (\left| w_{ji} \right| + \left| w_{ji}^\tau \right|) \int_0^{+\infty} sK_{kj}(s)\mathrm{d}s \right]$$

$$r_{ij} = \frac{1}{2} \left[\lambda_i (w_{ij} + w_{ij}^\tau) + \lambda_j (w_{ji} + w_{ji}^\tau) \right], \quad i \neq j$$

推论 3.4　假设 $w_{ij}^\tau \neq 0$，$i, j = 1, 2, \cdots, n$，并且满足 3.1 节中的 (2) ～ (4) 三个条件，则一定存在正数 $\lambda_i (i = 1, 2, \cdots, n)$，使得

$$\vartheta_i = \lambda_i \left(-\frac{d_i}{g_i(u_i^*)} + w_{ii} + w_{ii}^\tau \right) + \frac{1}{2} \sum_{j=1}^n \left[d_j \lambda_i \left| w_{ij}^\tau \right| \int_0^{+\infty} sK_{ij}(s)\mathrm{d}s + d_i \lambda_j \left| w_{ji}^\tau \right| \int_0^{+\infty} sK_{ji}(s)\mathrm{d}s \right]$$

$$+ \sum_{j=1}^n \frac{g_j(u_j^*)}{2} \left[\lambda_i \left| w_{ij}^\tau \right| \sum_{k=1}^n (\left| w_{jk} \right| + \left| w_{jk}^\tau \right|) \int_0^{+\infty} sK_{ij}(s)\mathrm{d}s + \sum_{k=1}^n \lambda_k \left| w_{kj}^\tau \right| (\left| w_{ji} \right| + \left| w_{ji}^\tau \right|) \int_0^{+\infty} sK_{kj}(s)\mathrm{d}s \right]$$

$$+ \frac{1}{2} \sum_{j=1}^n (\lambda_i \left| w_{ij} \right| + \left| w_{ij}^\tau \right| + \lambda_j \left| w_{ji} \right| + \left| w_{ji}^\tau \right|) < 0$$

则模型中的平衡点 $(u_1^*, u_2^*, \cdots, u_n^*)$ 是局部渐近稳定的。

3.3 本 章 小 结

神经网络中神经元之间的相互作用必然会引发一系列的动力学行为,稳定性就是其中之一,通过对已存在和实际使用的神经网络模型进行稳定性预测有助于系统运行,物理学和生物学领域对渐近稳定性的分析也引起了科学工作者的注意[4-8]。神经网络系统中的分布时滞更能描述交互过程中的记忆效应,因此更接近实际的神经网络模型。本章对具有分布时滞和常数时滞的神经网络系统稳定性行为进行了讨论,分别给出了相关判定准则,为具有分布时滞的神经网络模型稳定性判定提供了一类有效的分析方法,对神经科学、脑认知以及复杂系统等领域的研究都具有重要意义。

参 考 文 献

[1] Hopfield J J. Neurons with graded response have collective computational properties like those of two-state neurons[J]. Proceedings of the National Academy of Sciences, 1984, 81(10): 3088-3092.

[2] Liao X F, Liu Q, Zhang W. Delay-dependent asymptotic stability for neural networks with distributed delays[J]. Nonlinear Analysis: Real World Applications, 2006, 7(5): 1178-1192.

[3] Hale B J, Lenel S V. Introduction to Functional Differential Equations[M]. New York: Springer, 1993.

[4] Macdonald N. Time Lags in Biological Models[M]. Berlin: Springer, 1978.

[5] May R M. Stability and Complexity in Model Ecosystems[M]. Princeton: Princeton University Press, 1974.

[6] Pakdaman K, Malta C P, Grotta-Ragazzo C, et al. Transient oscillations in continuous-time excitatory ring neural networks with delay[J]. Physical Review E, 1997, E55: 3234-3248.

[7] Zhang Q, Wei X P, Xu J. Delay-dependent exponential stability of cellular neural networks with time-varying delays[J]. Chaos, Solitons & Fractals, 2005, 23(4): 1363-1369.

[8] Li S W, Liao X F, Li C G. Hopf bifurcation in a Volterra prey-predator model with strong kernel[J]. Chaos Solitons & Fractals, 2004, 22(3): 713-722.

第4章 带惯性项的两个时滞神经元系统的 Hopf 分岔和混沌分析

4.1 带惯性项的两个时滞神经元系统描述

众所周知，神经网络中神经元之间的信息传递必然会带来时滞问题，而时滞的出现可以使系统由稳定出现振荡，进而引起分岔，导致混沌的动力学现象。通过扩展 Hopfield 模型，许多科学工作者首先讨论了一个、两个甚至四个主神经元在引入各种不同时滞情况下系统产生分岔乃至混沌等动力学行为[1-7]。

在文献[8]中，作者研究了单个主神经元引入时滞和惯性项后的模型：

$$\ddot{x} = -a\dot{x} - bx + cf(x - h(x(t-\tau)))\tag{4.1}$$

其中，常数 $a,b,c > 0, h \geqslant 0$；时滞 $\tau > 0$ 为常数；激励函数 $f(\cdot)$ 非线性且三阶可导。文献[8]讨论了该模型的 Hopf 分岔点，并分析了当激励函数为非单调时模型会出现的混沌行为。

本章对上述模型进行进一步扩展形成两个神经元下带有时滞和惯性项的神经元系统，其中的激励函数使用的是非线性双曲正切函数，对此更深入地加以研究，其系统模型如下：

$$\begin{cases} \ddot{v}_1 = -\dot{v}_1 - b_1 v_1 + a_1 \tanh(v_2(t-\tau)) \\ \ddot{v}_2 = -\dot{v}_2 - b_2 v_2 + a_2 \tanh(v_1(t-\tau)) \end{cases}\tag{4.2}$$

其中，系数 $a_i, b_i > 0(i=1,2)$ 并且 $a_1 \neq a_2, b_1 \neq b_2$；常数时滞 $\tau > 0$。由 2.2 节对分岔方法的分析可知，此模型可以采用 Hassard 等提出的正则型理论和中心流形方法进行稳定性及分岔的分析。本章首先从模型的局部稳定性推导出发，进而给出产生 Hopf 分岔的条件、分岔方向和周期解轨道；其次通过 Lyapunov 指数、功率谱图和分岔图的数值仿真分析，进一步揭示此模型存在的混沌行为。神经网络模型在控制领域的控制器设计中具有非常重要的应用，因此对模型的 Hopf 分岔以及混沌现象的研究有着十分重要的意义，例如，Hopf 分岔和混沌与振荡现象密切相关，对它的研究一方面可以让人们更好地解释现实应用中神经网络模型具有参数敏感性的原因，另一方面若掌握了这种分岔引起的根源，就可以利用比较成熟的分岔控制理论将其控制到人们所期望的有利状态。

4.2　系统的局部稳定性和 Hopf 分岔

2.2 节已经给出了分岔的产生机理以及相关理论。本节利用引理 2.1 对模型(4.2)进行分析和证明。

由于非线性双曲正切激励函数是连续可微的，所以在系统模型(4.2)的激励函数(0, 0)点附近邻域内具有 n 阶连续导数，可以将该系统方程在原点处进行泰勒级数展开以方便讨论，其简化后的展开式如下：

$$\begin{cases} \ddot{v}_1 = -\dot{v}_1 - b_1 v_1 + a_1\left(v_2(t-\tau) - \frac{1}{3}v_2^3(t-\tau)\right) + O(v_2^5(t-\tau)) \\ \ddot{v}_2 = -\dot{v}_2 - b_2 v_2 + a_2\left(v_1(t-\tau) - \frac{1}{3}v_1^3(t-\tau)\right) + O(v_1^5(t-\tau)) \end{cases} \quad (4.3)$$

对上述微分方程进行线性化处理，于是式(4.3)可改写如下：

$$\begin{cases} \dot{x}_1 = x_2 \\ \dot{x}_2 = -b_1 x_1 - x_2 + a_1\left(x_3(t-\tau) - \frac{1}{3}x_3^3(t-\tau) + O(x_3^5(t-\tau))\right) \\ \dot{x}_3 = x_4 \\ \dot{x}_4 = -b_2 x_3 - x_4 + a_2\left(x_1(t-\tau) - \frac{1}{3}x_1^3(t-\tau) + O(x_1^5(t-\tau))\right) \end{cases} \quad (4.4)$$

通过引入下面两个描述式，能够将上述方程改写为更紧凑的向量形式：

$$X = [x_1, x_2, x_3, x_4]^\mathrm{T}, \quad X(t-\tau) = [x_1(t-\tau), x_2(t-\tau), x_3(t-\tau), x_4(t-\tau)]^\mathrm{T}$$

于是方程(4.4)可以转化成如下时滞微分方程：

$$\dot{X}(t) = L_0 X(t) + R_0 X(t-\tau) + [R_\alpha X^3(t-\tau) + F(X(t-\tau))] \quad (4.5)$$

其中

$$L_0 = \begin{bmatrix} 0 & 1 & 0 & 0 \\ -b_1 & -1 & 0 & 0 \\ 0 & 0 & 0 & 1 \\ 0 & 0 & -b_2 & -1 \end{bmatrix}, \quad R_0 = \begin{bmatrix} 0 & 0 & 0 & 0 \\ 0 & 0 & a_1 & 0 \\ 0 & 0 & 0 & 0 \\ a_2 & 0 & 0 & 0 \end{bmatrix}$$

$$R_\alpha = \begin{bmatrix} 0 & 0 & 0 & 0 \\ 0 & 0 & -\dfrac{1}{3}a_1 & 0 \\ 0 & 0 & 0 & 0 \\ -\dfrac{1}{3}a_2 & 0 & 0 & 0 \end{bmatrix}, \quad F(X(t-\tau)) = \begin{bmatrix} 0 \\ f(v_2(t-\tau)) \\ 0 \\ f(v_1(t-\tau)) \end{bmatrix}$$

由于方程的稳定解是由其雅可比矩阵特征值的线性部分决定的,所以忽略高阶非线性项,只考察式(4.5)的如下线性部分:

$$\dot{X}(t) = L_0 X(t) + R_0 X(t-\tau) \tag{4.6}$$

代入通解 $X(t) = C\exp(\lambda t)$,可以获得如下特征方程:

$$\begin{aligned} F_1(\lambda) &= \det(\lambda I - L_0 - R_0 \mathrm{e}^{-\lambda\tau}) \\ &= \lambda^2(\lambda+1)^2 + \lambda(\lambda+1)(b_1+b_2) - a_1 a_2 \mathrm{e}^{-2\lambda\tau} + b_1 b_2 \\ &= 0 \end{aligned} \tag{4.7}$$

令 $\lambda = u + \mathrm{i}v$ $(u, v \in \mathbf{R})$,将上述特征方程按实部和虚部分开:

$$\begin{aligned} &u^4 + v^4 - 6u^2 v^2 + 2(u^3 - 3uv^2) + (b_1+b_2+1)(u^2-v^2) + (b_1+b_2)u + b_1 b_2 \\ &= a_1 a_2 \mathrm{e}^{-2\tau u}\cos(2\tau v) \\ &4uv(u^2-v^2) + 2(3u^2 v - v^3) + 2(b_1+b_2+1)uv + (b_1+b_2)v \\ &= -a_1 a_2 \mathrm{e}^{-2\tau u}\sin(2\tau v) \end{aligned} \tag{4.8}$$

若存在 τ_0 使得 $u(\tau_0) = 0$,$v(\tau_0) = \omega_0$,则式(4.8)可以简化为

$$\begin{cases} \omega_0^4 - (b_1+b_2+1)\omega_0^2 + b_1 b_2 = a_1 a_2 \cos(2\tau_0\omega_0) \\ -2\omega_0^3 + (b_1+b_2)\omega_0 = -a_1 a_2 \sin(2\tau_0\omega_0) \end{cases} \tag{4.9}$$

对式(4.9)中的两个方程分别进行平方后相加,可得

$$\begin{aligned} &\omega_0^8 + 2(1-b_1-b_2)\omega_0^6 + \left[(1-b_1-b_2)^2 + 2b_1 b_2\right]\omega_0^4 \\ &+ \left[-2b_1 b_2(b_1+b_2) + b_1^2 + b_2^2\right]\omega_0^2 + b_1^2 b_2^2 - a_1^2 a_2^2 = 0 \end{aligned} \tag{4.10}$$

令 $z = \omega_0^2$,且定义

$$a = 2(1-b_1-b_2), \quad b = (1-b_1-b_2)^2 + 2b_1 b_2$$
$$c = -2b_1 b_2(b_1+b_2) + b_1^2 + b_2^2, \quad d = b_1^2 b_2^2 - a_1^2 a_2^2$$

则式(4.10)可以简化为

$$z^4 + az^3 + bz^2 + cz + d = 0$$

令

$$h(z) = z^4 + az^3 + bz^2 + cz + d \tag{4.11}$$

则有如下引理成立。

引理 4.1   如果 $d<0$，则式(4.11)至少有一个正根。如果 $d\geqslant 0$，则式(4.11)只要再同时满足下面一个条件就至少有一个正根：

(1) $D>0,z_1^*>0$ 并且 $h(z_1^*)<0$；

(2) $D=0,z_2^*>0$ 并且 $h(z_2^*)<0$；

(3) $D<0,z_3^*>0$ 并且 $h(z_3^*)<0$。

其中，$D=\dfrac{q^2}{4}+\dfrac{p^3}{27}$ 是三阶代数方程 $g(y)=y^3+py+q$ 的判别式，$z_i^*(i=1,2,3)$ 是方程 $f(z)$ 在对应不同情况下的最大根。

证明   (1)如果 $d<0$，可知 $\lim\limits_{z\to+\infty}h(z)=+\infty$，如图4.1(a)所示，式(4.11)至少有一个正根。

(2)采用卡尔丹(Cardano)方法，对式(4.11)求导，可得

$$\frac{\mathrm{d}h(z)}{\mathrm{d}z}=4z^3+3az^2+2bz+c=4f(z)$$

则

$$f(z)=z^3+\frac{3}{4}az^2+\frac{1}{2}bz+\frac{1}{4}c \tag{4.12}$$

令 $z=y-\dfrac{a}{4}$，则 $g(y)\equiv f(z)=y^3+py+q$，其中

$$p=\frac{8b-3a^2}{16},\quad q=\frac{a^3-4ab+8c}{32},\quad 令\ D=\frac{q^2}{4}+\frac{p^3}{27}$$

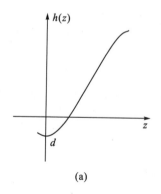
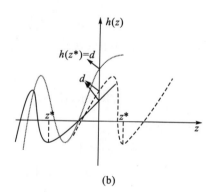

图4.1   方程(4.11)根的示意图[9]

(1)假设 $D>0$，由三阶代数方程判别式的定理求解式(4.12)，可以找到三个不同的实根：

$$z_1 = -\frac{a}{4} + \mathrm{Re}\left\{\left(\sqrt[3]{-\frac{q}{2} + \sqrt{D}}\,\varepsilon\right) + \left(\sqrt[3]{-\frac{q}{2} - \sqrt{D}}\,\varepsilon^2\right)\right\}$$

$$z_2 = -\frac{a}{4} + \sqrt[3]{-\frac{q}{2} + \sqrt{D}} + \sqrt[3]{-\frac{q}{2} - \sqrt{D}}$$

$$z_3 = -\frac{a}{4} + \mathrm{Re}\left\{\left(\sqrt[3]{-\frac{q}{2} + \sqrt{D}}\,\varepsilon^2\right) + \left(\sqrt[3]{-\frac{q}{2} - \sqrt{D}}\,\varepsilon\right)\right\} \tag{4.13}$$

其中，ε 是复立方根。

令 $z_1^* = \max\{z_1, z_2, z_3\}$，当 $z > z_1^*$ 时，可以判断 $h(z)$ 是严格单调增，所以 z_1^* 是 $h(z)$ 在实数域上的最小值点。若 $z_1^* < 0$ 并且 $h(z_1^*) \leqslant 0$，则由图 4.1 (b) 上的实线可以看出式 (4.11) 不会有正实根；若 $z_1^* = 0$ 并且 $h(z_1^*) \leqslant 0$，则由图 4.1 (b) 上的点线可以看出式 (4.11) 没有正实根；但是若 $z_1^* > 0$ 并且 $h(z_1^*) \leqslant 0$，则由图 4.1 (b) 上的虚线可知式 (4.11) 至少有一个正实根。

(2) 假设 $D = 0$，式 (4.12) 有三个根，且至少有两个根相等，即

$$z_1 = -\frac{a}{4} - 2\sqrt[3]{\frac{q}{2}}, \qquad z_2 = z_3 = -\frac{a}{4} + \sqrt[3]{\frac{q}{2}}$$

令 $z_2^* = \max\{z_1, z_2, z_3\}$，证明方法同上，可以得到当 $z_2^* > 0$ 并且 $h(z_2^*) < 0$ 时，式 (4.11) 至少有一个正实根。

(3) 若 $D < 0$，式 (4.12) 只有一个实根，与 (1) 的证明方法相同，可以得到当 $z_3^* > 0$ 并且 $h(z_3^*) < 0$ 时，式 (4.11) 存在至少一个正实根。证毕。

引理 4.2 若式 (4.11) 有正实根，并且方程 (4.7) 有一对纯虚特征值，则 $\omega_k = \sqrt{z_k}$ 成立，且有 $\tau_k^{(j)} = \dfrac{1}{2\omega_k}\left[\arccos\left(\dfrac{\Delta^*}{\Delta}\right) + 2j\pi\right]$，$k = 1,2,3,4$；$j = 0,1,2,3,\cdots$。

证明 不失一般性，若式 (4.10) 有四个正根，那么 $\omega_k = \sqrt{z_k}$（$k = 1,2,3,4$）。由式 (4.10) 可得 $\cos(2\omega_k\tau_k) = \dfrac{\Delta^*}{\Delta}$（$k = 1,2,3,4$），其中 $\Delta^* = \omega_k^4 - (b_1 + b_2 + 1)\omega_k^2 + b_1 b_2$，$\Delta = a_1 a_2$，所以有

$$\tau_k^{(j)} = \frac{1}{2\omega_k}\left[\arccos\left(\frac{\Delta^*}{\Delta}\right) + 2j\pi\right], \quad k = 1,2,3,4; \quad j = 0,1,2,\cdots \tag{4.14}$$

成立。证毕。

在下面的讨论中，令 $\tau_0 = \min\{\tau_k^{(0)}\}$，$k = 1,2,3,4$。

引理 4.3 若引理 4.1 和引理 4.2 均成立，则横截条件 $\mathrm{Re}\left[\dfrac{\mathrm{d}\lambda_k(\tau)}{\mathrm{d}\tau}\bigg|_{\tau = \tau_k^{(j)}}\right] \neq 0$ 成立。

证明　如果使用时滞做分岔参数，同时对式(4.8)沿时滞方向求导，并且令 $u(\tau_k^{(j)}) = 0$ 和 $v(\tau_k^{(j)}) = \omega_k$ ，则有

$$
\begin{aligned}
&\left.\frac{\mathrm{d}u}{\mathrm{d}\tau}\right|_{\tau=\tau_k^{(j)}}\left[-6\omega_k^2 + b_1 + b_2 + 2\tau_k^{(j)}a_1a_2\cos(2\tau_k^{(j)}\omega_k)\right] \\
&+\left.\frac{\mathrm{d}v}{\mathrm{d}\tau}\right|_{\tau=\tau_k^{(j)}}\left[4\omega_k^3 - 2\omega_k(b_1+b_2+1) + 2\tau_k^{(j)}a_1a_2\sin(2\tau_k^{(j)}\omega_k)\right] \\
&= -2\omega_k a_1 a_2 \sin(2\tau_k^{(j)}\omega_k) \\
&\left.\frac{\mathrm{d}u}{\mathrm{d}\tau}\right|_{\tau=\tau_k^{(j)}}\left[-4\omega_k^3 + 2(b_1+b_2+1)\omega_k - 2\tau_k^{(j)}a_1a_2\sin(2\tau_k^{(j)}\omega_k)\right] \\
&+\left.\frac{\mathrm{d}v}{\mathrm{d}\tau}\right|_{\tau=\tau_k^{(j)}}\left[-6\omega_k^2 + b_1 + b_2 + 2\tau_k^{(j)}a_1a_2\cos(2\tau_k^{(j)}\omega_k)\right] \\
&= -2\omega_k a_1 a_2 \cos(2\tau_k^{(j)}\omega_k)
\end{aligned}
\tag{4.15}
$$

求得

$$
\left.\frac{\mathrm{d}u}{\mathrm{d}\tau}\right|_{\tau=\tau_1} =
$$

$$
\frac{\omega_k^2\left\{8\omega_k^6 + 12\omega_k^4(1-b_1-b_2) + 4\omega_k^2\left[(1-b_1-b_2)^2 + 2b_1b_2\right] + 2\left[b_1^2 + b_2^2 - 2b_1b_2(b_1+b_2)\right]\right\}}{A^2 + B^2}
$$

其中

$$
A = -4\omega_k^3 + 2(b_1+b_2+1)\omega_k - 2\tau_k^{(j)}a_1a_2\sin(2\tau_k^{(j)}\omega_k)
$$
$$
B = -6\omega_k^2 + b_1 + b_2 + 2\tau_k^{(j)}a_1a_2\cos(2\tau_k^{(j)}\omega_k)
$$

根据式(4.11)，有

$$
\begin{aligned}
F_2(\omega) &= \omega^8 + 2(1-b_1-b_2)\omega^6 + \left[(1-b_1-b_2)^2 + 2b_1b_2\right]\omega^4 \\
&+ \left[-2b_1b_2(b_1+b_2) + b_1^2 + b_2^2\right]\omega^2 + b_1^2b_2^2 - a_1^2a_2^2
\end{aligned}
$$

所以

$$
\begin{aligned}
\frac{\mathrm{d}F_2(\omega)}{\mathrm{d}\omega} &= 8\omega^7 + 12(1-b_1-b_2)\omega^5 + 4\left[(1-b_1-b_2)^2 + 2b_1b_2\right]\omega^3 \\
&+ 2\left[-2b_1b_2(b_1+b_2) + b_1^2 + b_2^2\right]\omega
\end{aligned}
$$

若 ω_k 是正根，则 $\left.\dfrac{\mathrm{d}F_2(\omega)}{\mathrm{d}\omega}\right|_{\omega=\omega_k} \neq 0$ ，因此 $\left.\dfrac{\mathrm{d}u}{\mathrm{d}\tau}\right|_{\tau=\tau_k^{(j)}} = \dfrac{\omega_k}{A^2+B^2} \cdot \left.\dfrac{\mathrm{d}F_2(\omega)}{\mathrm{d}\omega}\right|_{\omega=\omega_k} \neq 0$ 。证毕。

由上述引理4.1～引理4.3可以获得如下定理。

定理4.1　若系统模型(4.2)满足下列条件：

(1)若 $d \geqslant 0$ 并且只要下列有一个条件成立，那么系统模型(4.2)所有根都

有负实部并且在原点处平衡。

① $D > 0, z_1^* > 0, h(z_1^*) < 0$；

② $D = 0, z_2^* > 0, h(z_2^*) < 0$；

③ $D < 0, z_3^* > 0, h(z_3^*) < 0$。

(2) 若 $d \geqslant 0$ 或者 $d < 0$，那么系统模型 (4.2) 在 $\tau = \tau_0$ 附近时存在分岔，该分岔点即为 Hopf 分岔点。

4.3　分岔周期解的稳定性和分岔方向

通过 4.2 节的证明可以发现，当系统模型 (4.2) 的时延 τ 取临界值时，在其原点附近会产生 Hopf 分岔现象。本节进一步利用 2.2 节介绍的 Hassard 提出的正规型理论和中心流形方法求解系统模型 (4.2) 的分岔周期解的稳定性条件及分岔方向。

为讨论方便，定义 $t = s$，并对时滞进行时间尺度的重新划分：

$t = s\tau$, $x_1(s\tau) = y_1(s)$, $x_2(s\tau) = y_2(s)$, $x_3(s\tau) = y_3(s)$, $x_4(s\tau) = y_4(s)$, $\tau = \tau_0 + \mu$, $\mu \in \mathbf{R}$

则线性化后的方程 (4.4) 可写为以下形式：

$$\begin{cases} \dot{y}_1(t) = y_2(t) \\ \dot{y}_2(t) = -b_1 y_1(t) - y_2(t) + a_1(\tau_0 + \mu)\left(y_3(t-1) - \dfrac{1}{3}y_3^3(t-1) + O(y_3^5(t-1))\right) \\ \dot{y}_3(t) = y_4(t) \\ \dot{y}_4(t) = -b_2 y_3(t) - y_4(t) + a_2(\tau_0 + \mu)\left(y_1(t-1) - \dfrac{1}{3}y_1^3(t-1) + O(y_1^5(t-1))\right) \end{cases} \tag{4.16}$$

转换为向量描述形式后：

$$\dot{Y}(t) = L_0 Y(t) + L_1 Y(t-1) + F_0(Y(t-1)) \tag{4.17}$$

其中，$Y = [y_1, y_2, y_3, y_4]^{\mathrm{T}}$，$Y(t-1) = [y_1(t-1), y_2(t-1), y_3(t-1), y_4(t-1)]^{\mathrm{T}}$，上标"T"表示转置，同时有

$$L_0 = \begin{bmatrix} 0 & 1 & 0 & 0 \\ -b_1 & -1 & 0 & 0 \\ 0 & 0 & 0 & 1 \\ 0 & 0 & -b_2 & -1 \end{bmatrix}, \quad L_1 = \begin{bmatrix} 0 & 0 & 0 & 0 \\ 0 & 0 & a_1 & 0 \\ 0 & 0 & 0 & 0 \\ a_2 & 0 & 0 & 0 \end{bmatrix}$$

$$F_0(Y(t-1)) = \left[0, \ -\frac{a_1}{3}y_3^3(t-1), \ 0, \ -\frac{a_2}{3}y_1^3(t-1)\right]^{\mathrm{T}} + O(y^5(t-1))$$

令 $B = C([-1,0], \mathbf{R}^4), L : B \to \mathbf{R}^4$ 为连续线性算子，且 $G(Y_t) : B \to \mathbf{R}^4$ 为非线性平滑算子，则方程 (4.17) 可以表述为如下 Banach 空间上的紧缩形式：

$$\dot{Y}(t) = LY_t + G(Y_t) \tag{4.18}$$

当时间 t 在区间 $\theta \in [-1,0]$ 进行平移后，则有 $Y_t(\theta) = Y(t+\theta)$，其中 $Y_t \in B$。则有线性算子

$$L\phi = \begin{bmatrix} 0 & 1 & 0 & 0 \\ -b_1 & -1 & 0 & 0 \\ 0 & 0 & 0 & 1 \\ 0 & 0 & -b_2 & -1 \end{bmatrix} \phi(0) + (\tau_0 + \mu) \begin{bmatrix} 0 & 0 & 0 & 0 \\ 0 & 0 & a_1 & 0 \\ 0 & 0 & 0 & 0 \\ a_2 & 0 & 0 & 0 \end{bmatrix} \phi(-1) \tag{4.19}$$

假设在空间 B 上的连续函数：

$$\phi(\theta) = (\phi_1(\theta), \phi_2(\theta), \phi_3(\theta), \phi_4(\theta))^{\mathrm{T}} \in C[-1,0]$$

由 Riesz 表示定理可知，上述线性算子可以描述成下述积分形式：

$$L\phi = \int_{-1}^{0} (\mathrm{d}\eta(\theta)) \phi(\theta) \tag{4.20}$$

其中，η 是一个 $[-1,0] \to \mathbf{R}^4$ 的 4×4 的有界变差函数，并且 θ 在 $[-1,0)$ 上连续，其定义如下：

$$\eta(\theta) = \begin{bmatrix} 0 & 1 & 0 & 0 \\ -b_1 & -1 & 0 & 0 \\ 0 & 0 & 0 & 1 \\ 0 & 0 & -b_2 & -1 \end{bmatrix} \delta(\theta) + (\tau_0 + \mu) \begin{bmatrix} 0 & 0 & 0 & 0 \\ 0 & 0 & a_1 & 0 \\ 0 & 0 & 0 & 0 \\ a_2 & 0 & 0 & 0 \end{bmatrix} \delta(\theta+1) \tag{4.21}$$

非线性平滑算子 $G(Y_t)$ 为

$$G(Y_t) = \begin{cases} 0, & \theta \in [-1,0) \\ F_0(Y(t-1)), & \theta = 0 \end{cases} \tag{4.22}$$

对于线性算子 (4.19) 的连续半流形的无穷生成子 A 的形式假设为

$$A(\mu)\phi = \begin{cases} \dfrac{\mathrm{d}\phi(\theta)}{\mathrm{d}\theta}, & -1 \leqslant \theta < 0 \\ \displaystyle\int_{-1}^{0} \mathrm{d}\eta(\theta)\phi(\theta), & \theta = 0 \end{cases} \tag{4.23}$$

此外其对应的非线性生成子 $R(\mu)$ 的形式假设为

$$R(\mu)\phi = \begin{cases} (0 \quad 0 \quad 0 \quad 0)^{\mathrm{T}}, & -1 \leqslant \theta < 0 \\ (\tau_0 + \mu)\left(0, \ -\dfrac{a_1}{3}\phi_3^3(-1), \ 0, \ -\dfrac{a_2}{3}\phi_1^3(-1)\right)^{\mathrm{T}}, & \theta = 0 \end{cases} \tag{4.24}$$

则式 (4.18) 可以改写为如下算子方程：

$$\dot{u}_t = A(\mu)u_t + R(\mu)u_t \tag{4.25}$$

其中

$$u_t = (y_1, y_2, y_3, y_4)^{\mathrm{T}}, \quad u_t = u(t+\theta), \ \theta \in (-\infty, 0]$$

由 Hassard 定理可知，式（4.25）的分岔周期解 $u(t,\mu)$ 依赖于小的参数 $\varepsilon \geqslant 0$，由振幅 $O(\varepsilon)$、周期 $T(\varepsilon)$ 和非零 Floquet 指数 $\beta(\varepsilon)$（$\beta(0)=0$）组成，在给定条件下，上述三项的收敛表示式如下：

$$\begin{cases} \mu = \mu_2 \varepsilon^2 + \mu_4 \varepsilon^4 + \cdots \\ T = \dfrac{2\pi}{\omega}(1 + \tau_2 \varepsilon^2 + \tau_4 \varepsilon^4 + \cdots) \\ \beta = \beta_2 \varepsilon^2 + \beta_4 \varepsilon^4 + \cdots \end{cases} \tag{4.26}$$

其中，μ_2 决定了解的分岔方向，且若 $\beta_2 < 0$，则模型解的轨迹渐近稳定，反之，模型解的轨迹不稳定，因此对系统模型（4.2）的解只要计算出 μ_2、τ_2、β_2 即可。

为方便讨论，通常在构造系统模型的中心流形时，空间 B 分别由两个不相交的子空间 P 和 Q 组成，即 $B = P \oplus Q$，其中 P 是无穷算子 A 具有两个纯虚特征根的不变空间，Q 是由具有副实部的特征值组成的补子空间。

则令 $B^1 = C([0,1], \mathbf{R}^4)$，$\psi$ 是 A 伴随算子的行值广义特征函数，A 的伴随算子 A^* 定义为

$$A^*(\mu)\psi(s) = \begin{cases} -\dfrac{\mathrm{d}\psi(s)}{\mathrm{d}s}, & 0 < s \leqslant 1 \\ \displaystyle\int_{-1}^{0} \mathrm{d}\eta^{\mathrm{T}}(s,\mu)\psi(-s), & s = 0 \end{cases} \tag{4.27}$$

为规范化 A 和伴随算子 A^* 的特征向量，对于 $\phi \in C([-1,0], \mathbf{R}^4)$ 以及 $\psi \in C([0,1], \mathbf{R}^4)$，首先定义如下双线性形式：

$$\langle \psi, \phi \rangle = \bar{\psi}(0) \cdot \phi(0) - \int_{\theta=-1}^{0} \int_{\xi=0}^{\theta} \bar{\psi}^{\mathrm{T}}(\xi - \theta)\, \mathrm{d}\eta(\theta)\phi(\xi)\mathrm{d}\xi \tag{4.28}$$

为了确定算子 A 的庞加莱范式，需要计算特征值 $\mathrm{i}\omega_0\tau_0$ 下算子 A 的特征向量 q，以及特征值 $-\mathrm{i}\omega_0\tau_0$ 下的伴随算子 A^* 的特征向量 q^*。令

$$q(\theta) = \begin{bmatrix} 1 \\ \alpha_1 \\ \alpha_2 \\ \alpha_3 \end{bmatrix} \mathrm{e}^{\mathrm{i}\tau_0\omega_0\theta}, \quad -1 < \theta \leqslant 0 \tag{4.29}$$

则 $A(0)q(0) = \mathrm{i}\tau_0\omega_0 q(0)$ 成立，即有

$$
\begin{bmatrix} 0 & 1 & 0 & 0 \\ -b_1 & -1 & 0 & 0 \\ 0 & 0 & 0 & 1 \\ 0 & 0 & -b_2 & -1 \end{bmatrix} \begin{bmatrix} 1 \\ \alpha_1 \\ \alpha_2 \\ \alpha_3 \end{bmatrix} + \tau_0 e^{i\tau_0\omega_0} \begin{bmatrix} 0 & 0 & 0 & 0 \\ 0 & 0 & a_1 & 0 \\ 0 & 0 & 0 & 0 \\ a_2 & 0 & 0 & 0 \end{bmatrix} \begin{bmatrix} 1 \\ \alpha_1 \\ \alpha_2 \\ \alpha_3 \end{bmatrix} = i\tau_0\omega_0 \begin{bmatrix} 1 \\ \alpha_1 \\ \alpha_2 \\ \alpha_3 \end{bmatrix}
$$

由此可得

$$
\begin{cases} \alpha_1 = i\tau_0\omega_0 \\ \alpha_2 = \dfrac{(\omega_0^2\tau_0^2 - b_1) - i\tau_0\omega_0}{a_1\tau_0} e^{i\tau_0\omega_0} \\ \alpha_3 = \dfrac{i\omega_0(\tau_0^2\omega_0^2 - b_1) + \tau_0\omega_0^2}{a_1} e^{i\tau_0\omega_0} \end{cases}
$$

并且

$$
a_1 a_2 = \{[b_1 b_2 + (1 + b_1 + b_2)\omega_0^2 - \omega_0^4] + i\omega_0(b_2 - b_1 + 2\omega_0^2)\} e^{2i\tau_0\omega_0}
$$ 。若伴随算子 A^* 的特征向量 q^* 为

$$
q^*(s) = \frac{1}{\rho} \begin{bmatrix} 1 \\ \beta_1 \\ \beta_2 \\ \beta_3 \end{bmatrix} e^{i\tau_0\omega_0 s}, \quad 0 \leqslant s < 1 \tag{4.30}
$$

则有 $A^* q^*(0) = -i\omega_0\tau_0 q^*(0)$ 关系成立，于是可得

$$
\begin{bmatrix} 0 & -b_1 & 0 & 0 \\ 1 & -1 & 0 & 0 \\ 0 & 0 & 0 & -b_2 \\ 0 & 0 & -1 & -1 \end{bmatrix} \begin{bmatrix} 1 \\ \beta_1 \\ \beta_2 \\ \beta_3 \end{bmatrix} + \tau_0 \begin{bmatrix} 0 & 0 & 0 & a_2 \\ 0 & 0 & 0 & 0 \\ 0 & a_1 & 0 & 0 \\ 0 & 0 & 0 & 0 \end{bmatrix} \begin{bmatrix} 1 \\ \beta_1 \\ \beta_2 \\ \beta_3 \end{bmatrix} e^{i\tau_0\omega_0} = -i\tau_0\omega_0 \begin{bmatrix} 1 \\ \beta_1 \\ \beta_2 \\ \beta_3 \end{bmatrix}
$$

由以上关系可得计算结果如下：

$$
\begin{cases} \beta_1 = \dfrac{1}{1 + i\tau_0\omega_0} \\ \beta_2 = \dfrac{b_1 - i\left[(1 + b_1)\tau_0\omega_0 + \tau_0^3\omega_0^3\right]}{a_2\tau_0(1 + \tau_0\omega_0)} e^{-i\tau_0\omega_0} \\ \beta_3 = \dfrac{(b_1 + \tau_0^2\omega_0^2) - i\tau_0\omega_0}{a_2\tau_0(1 + \tau_0\omega_0)} e^{-i\tau_0\omega_0} \end{cases}
$$

且有

$$
a_1 a_2 \tau_0^2 e^{2i\tau_0\omega_0} = [b_1 b_2 - (1 + b_1 - b_2)\tau_0^2\omega_0^2 - \tau_0^4\omega_0^4] + i(b_1 - b_2)\tau_0\omega_0
$$

若

$$
\overline{\rho} = (1 + \alpha_1\overline{\beta_1} + \alpha_2\overline{\beta_2} + \alpha_3\overline{\beta_3}) - (\tau_0 + \mu)(a_1\alpha_2\overline{\beta_1} + a_2\overline{\beta_3})
$$

则有

$$\langle q^*, q \rangle = \overline{q}^*(0) \cdot q(0) - \int_{\theta=-1}^{0} \int_{\xi=0}^{\theta} \overline{q}^{*\mathrm{T}}(\xi-\theta) \mathrm{d}\eta(\theta) q(\xi) \mathrm{d}\xi$$

$$= \frac{1}{\overline{\rho}} \begin{bmatrix} 1 & \overline{\beta}_1 & \overline{\beta}_2 & \overline{\beta}_3 \end{bmatrix} \begin{bmatrix} 1 \\ \alpha_1 \\ \alpha_2 \\ \alpha_3 \end{bmatrix} - \int_{\theta=-1}^{0} \int_{\xi=0}^{\theta} \frac{1}{\overline{\rho}} \begin{bmatrix} 1 & \overline{\beta}_1 & \overline{\beta}_2 & \overline{\beta}_3 \end{bmatrix} \mathrm{e}^{-\mathrm{i}\tau_0\omega_0(\xi-\theta)} \mathrm{d}\eta(\theta) \begin{bmatrix} 1 \\ \alpha_1 \\ \alpha_2 \\ \alpha_3 \end{bmatrix} \mathrm{e}^{\mathrm{i}\tau_0\omega_0\xi} \mathrm{d}\xi$$

$$= \frac{1}{\overline{\rho}} (1 + \alpha_1\overline{\beta}_1 + \alpha_2\overline{\beta}_2 + \alpha_3\overline{\beta}_3) - \int_{\theta=-1}^{0} \int_{\xi=0}^{\theta} \frac{1}{\overline{\rho}} \begin{bmatrix} 1 & \overline{\beta}_1 & \overline{\beta}_2 & \overline{\beta}_3 \end{bmatrix} \begin{bmatrix} 0 & 1 & 0 & 0 \\ -b_1 & -1 & 0 & 0 \\ 0 & 0 & 0 & 1 \\ 0 & 0 & -b_2 & -1 \end{bmatrix} \delta(\theta)$$

$$+ (\tau_0 + \mu) \begin{bmatrix} 0 & 0 & 0 & 0 \\ 0 & 0 & a_1 & 0 \\ 0 & 0 & 0 & 0 \\ a_2 & 0 & 0 & 0 \end{bmatrix} \delta(\theta+1) \begin{bmatrix} 1 \\ \alpha_1 \\ \alpha_2 \\ \alpha_3 \end{bmatrix} \mathrm{e}^{\mathrm{i}\tau_0\omega_0\theta} \mathrm{d}\theta \mathrm{d}\xi$$

$$= \frac{1}{\overline{\rho}} \Big[(1 + \alpha_1\overline{\beta}_1 + \alpha_2\overline{\beta}_2 + \alpha_3\overline{\beta}_3) - (\tau_0 + \mu) \mathrm{e}^{-\mathrm{i}\tau_0\omega_0} (a_1\alpha_2\overline{\beta}_1 + a_2\overline{\beta}_3) \Big]$$

$$= 1$$

同理可证 $\langle q^*, \overline{q} \rangle = 0$ 也成立。为构造中心流形在 $\mu = 0$ 处的坐标系，可以使用 Hassard 方法，首先令

$$z(t) = \langle q^*, u_t \rangle$$
$$W(t,\theta) = u_t - 2\mathrm{Re}\{z(t)q(\theta)\}$$
（4.31）

则中心流形的坐标系为 $W(t,\theta) = W(z(t), \overline{z}(t), \theta)$，其中：

$$W(z, \overline{z}, \theta) = W_{20}(\theta)\frac{z^2}{2} + W_{11}(\theta)z\overline{z} + W_{02}(\theta)\frac{\overline{z}^2}{2} + W_{30}(\theta)\frac{z^2}{6} + \cdots$$
（4.32）

z 和 $\overline{z}$ 分别为中心流形在 q 和 q^* 方向上的局部坐标。由于 u_t 为实数，所以只需要考察实数解，则对于系统模型 (4.2) 的解 u_t，由于 $\mu = 0$，可以得出

$$\dot{z}(t) = \langle q^*, \dot{u}_t \rangle$$
$$= \langle q^*, A(\mu)u_t + Ru_t \rangle$$
$$= \langle q^*, Au_t \rangle + \langle q^*, Ru_t \rangle$$
$$= \mathrm{i}\tau_0\omega_0 z + \overline{q}^*(0) \cdot f(0, w(t,0) + 2\mathrm{Re}[z(t)q(0)])$$
（4.33）

将式 (4.33) 简化表示如下：

$$\dot{z}(t) = \mathrm{i}\tau_0\omega_0 z + g(z, \overline{z})$$
（4.34）

其中

$$g(z,\overline{z}) = g_{20}\frac{z^2}{2} + g_{11}z\overline{z} + g_{02}\frac{\overline{z}^2}{2} + g_{21}\frac{z^2\overline{z}}{2} + \cdots$$

展开 g，对式(4.31)中的 $W(t,\theta)$ 在时间上求导，同时将式(4.25)和式(4.33)代入，则有

$$
\begin{aligned}
\dot{W} &= \dot{u}_t - \dot{z}q - \dot{\overline{z}}\overline{q} \\
&= Au_t + Ru_t - \left(\mathrm{i}\tau_0\omega_0 z + \overline{q}^*(0)\cdot f(z,\overline{z})\right)q - \left(-\mathrm{i}\tau_0\omega_0\overline{z} + q^*(0)\cdot\overline{f}(z,\overline{z})\right)\overline{q} \\
&= AW + 2A\mathrm{Re}(zq) + Ru_t - 2\mathrm{Re}[\overline{q}^*(0)\cdot f(z,\overline{z})q(\theta)] - 2\mathrm{Re}[\mathrm{i}\tau_0\omega_0 zq(\theta)] \qquad (4.35)\\
&= AW - 2\mathrm{Re}[\overline{q}^*(0)\cdot f(z,\overline{z})q(\theta)] + Ru_t \\
&= \begin{cases} AW - 2\mathrm{Re}[\overline{q}^*(0)\cdot f(z,\overline{z})q(\theta)], & -1\leqslant\theta<0 \\ AW - 2\mathrm{Re}[\overline{q}^*(0)\cdot f(z,\overline{z})q(\theta)] + f, & \theta=0 \end{cases}
\end{aligned}
$$

式(4.35)可重写为

$$\dot{W} = AW + H(z,\overline{z},\theta) \qquad (4.36)$$

其中

$$H(z,\overline{z},\theta) = H_{20}(\theta)\frac{z^2}{2} + H_{11}(\theta)z\overline{z} + H_{02}(\theta)\frac{\overline{z}^2}{2} + \cdots \qquad (4.37)$$

同时，在中心流形的原点附近，对式(4.32)中 W 按时间求导，有

$$\dot{W}(z,\overline{z}) = W_z\dot{z} + W_{\overline{z}}\dot{\overline{z}} \qquad (4.38)$$

将式(4.32)替换式(4.38)中的 W_z 和 $W_{\overline{z}}$，且将式(4.34)替换其 $\dot{z}$ 和 $\dot{\overline{z}}$，则有

$$
\begin{aligned}
\dot{W}(z,\overline{z}) &= W_z\dot{z} + W_{\overline{z}}\dot{\overline{z}} \\
&= (W_{20}z + W_{11}\overline{z} + \cdots)(\mathrm{i}\tau_0\omega_0 z + g) + (W_{11}z + W_{02}\overline{z} + \cdots)(-\mathrm{i}\tau_0\omega_0\overline{z} + \overline{g})
\end{aligned}
\qquad (4.39)
$$

若将式(4.32)和式(4.37)代入式(4.36)，可获得如下结果：

$$\dot{W} = (AW_{20} + H_{20})\frac{z^2}{2} + (AW_{11} + H_{11})z\overline{z} + (AW_{02} + H_{02})\frac{\overline{z}^2}{2} + \cdots \qquad (4.40)$$

由于式(4.39)与式(4.40)相同，则比较二者的系数，可知

$$\begin{cases} (A - 2\mathrm{i}\tau_0\omega_0)W_{20}(\theta) = -H_{20}(\theta) \\ AW_{11}(\theta) = -H_{11}(\theta) \end{cases} \qquad (4.41)$$

从式(4.29)和式(4.30)可知：

$$W + zq(\theta) + \overline{z}\,\overline{q}(\theta) = \begin{bmatrix} W^{(1)} + z\mathrm{e}^{\mathrm{i}\tau_0\omega_0} + \overline{z}\mathrm{e}^{-\mathrm{i}\tau_0\omega_0} \\ W^{(2)} + z\alpha_1\mathrm{e}^{\mathrm{i}\tau_0\omega_0} + \overline{z}\,\overline{\alpha}_1\mathrm{e}^{-\mathrm{i}\tau_0\omega_0} \\ W^{(3)} + z\alpha_2\mathrm{e}^{\mathrm{i}\tau_0\omega_0} + \overline{z}\,\overline{\alpha}_2\mathrm{e}^{-\mathrm{i}\tau_0\omega_0} \\ W^{(4)} + z\alpha_3\mathrm{e}^{\mathrm{i}\tau_0\omega_0} + \overline{z}\,\overline{\alpha}_3\mathrm{e}^{-\mathrm{i}\tau_0\omega_0} \end{bmatrix}$$

则式 (4.35) 中的参数 f 可以表示为

$$f(W + 2\mathrm{Re}\{z(t)q(0)\}) = \begin{cases} (0,0,0,0)^{\mathrm{T}}, & -\tau < \theta < 0 \\ (f_0^1\ f_0^2\ f_0^3\ f_0^4)^{\mathrm{T}}, & \theta = 0 \end{cases}$$

其中

$$f_0^1 = 0, \quad f_0^3 = 0$$

$$f_0^2 = -\frac{\alpha_1\tau_0}{3}\left(W^{(3)} + z\alpha_2\mathrm{e}^{\mathrm{i}\tau_0\omega_0} + \overline{z}\,\overline{\alpha}_2\mathrm{e}^{-\mathrm{i}\tau_0\omega_0}\right)^3$$

$$f_0^4 = -\frac{\alpha_2\tau_0}{3}\left(W^{(1)} + z\mathrm{e}^{\mathrm{i}\tau_0\omega_0} + \overline{z}\mathrm{e}^{-\mathrm{i}\tau_0\omega_0}\right)^3$$

由式 (4.33) 和式 (4.34) 可知:

$$g(z,\overline{z}) = \overline{q}^*(0)\cdot f(z,\overline{z})$$

$$= \frac{\tau_0}{\rho}\left[-\frac{\overline{\beta}_1}{3}\left(W^{(3)}(t,\theta) + z(t)q^{(3)}(\theta) + \overline{z}(t)\overline{q}^{(3)}(\theta)\right)^3 - \frac{\overline{\beta}_3}{3}\left(W^{(1)}(t,\theta) + z(t)q^{(1)}(\theta) + \overline{z}(t)\overline{q}^{(1)}(\theta)\right)^3\right]$$

$$= \frac{\tau_0}{\rho}\left[-\frac{\overline{\beta}_1}{3}\left(W_{20}^{(3)}(-1)\frac{z^2}{2} + W_{11}^{(3)}(-1)z\overline{z} + W_{02}^{(3)}(-1)\frac{\overline{z}^3}{2} + zq^{(3)}(-1) + \overline{z}\,\overline{q}^{(3)}(-1)\right)^3\right.$$

$$\left. -\frac{\overline{\beta}_3}{3}\left(W_{20}^{(1)}(-1)\frac{z^2}{2} + W_{11}^{(1)}(-1)z\overline{z}\right) + W_{02}^{(1)}(-1)\frac{\overline{z}^2}{2} + zq^{(1)}(-1) + \overline{z}q^{(1)}(-1)\right]^3$$

$$\tag{4.42}$$

对式 (4.34) 和式 (4.42) 的系数进行比较, 可得

$$g_{20} = 0$$

$$g_{11} = 0$$

$$g_{02} = 0$$

$$g_{21} = \frac{\tau_0}{\rho}\left[-\overline{\beta}_1 q^{(3)}(-1)\overline{q}^{(3)}(-1) - \overline{\beta}_3 q^{(1)}(-1)\overline{q}^{(1)}(-1)\right]$$

$$= \frac{\tau_0}{\rho}\left(-\overline{\beta}_1\alpha_2^2\mathrm{e}^{-2\mathrm{i}\tau_0\omega_0}\overline{\alpha}_2\mathrm{e}^{\mathrm{i}\tau_0\omega_0} - \overline{\beta}_3\mathrm{e}^{-2\mathrm{i}\tau_0\omega_0}\mathrm{e}^{\mathrm{i}\tau_0\omega_0}\right)$$

$$\tag{4.43}$$

$$= \frac{\tau_0}{\rho}(\overline{\beta}_1\alpha_2|\alpha_2|^2 + \overline{\beta}_3)\mathrm{e}^{\mathrm{i}\tau_0\omega_0}$$

对于如下参数, 可以通过式 (4.43) 计算得到:

$$\begin{cases} c_1(0) = \dfrac{\mathrm{i}}{2\omega_0}\left(g_{20}g_{11} - 2\left|g_{11}\right|^2 - \dfrac{1}{3}\left|g_{02}\right|^2\right) + \dfrac{g_{21}}{2} \\[2mm] \mu_2 = -\dfrac{\mathrm{Re}\left(c_1(0)\right)}{\mathrm{Re}\left(\lambda'(\tau_0)\right)} \\[2mm] \beta_2 = 2\mathrm{Re}\left(c_1(0)\right) \\[2mm] T_2 = -\dfrac{\mathrm{Im}\left(c_1(0)\right) + \mu_2\,\mathrm{Im}\left(\lambda'(\tau_0)\right)}{\omega_0} \end{cases} \tag{4.44}$$

根据式(4.44)的计算结果，可以确定系统模型(4.2)的 Hopf 分岔周期解的稳定性、分岔方向以及周期特性，则可获得如下定理。

定理 4.2　在满足定理 4.1 的条件下，有：

(1) Hopf 分岔的方向依赖于 μ_2 的符号，如果 $\mu_2 > 0(\mu_2 < 0)$，则 Hopf 分岔是超临界(亚临界)的，对应的分岔周期解也存在于 $\tau > \tau_0 (\tau < \tau_0)$ 处；

(2) β_2 确定了分岔周期解的稳定性，若 $\beta_2 < 0(\beta_2 > 0)$，则在中心流形处的分岔周期解是轨道渐近稳定(不稳定)的，并且 T_2 确定了分岔周期解的周期，如果 $T_2 > 0(T_2 < 0)$，那么周期是增加(减小)的。

4.4　数　值　仿　真

本节通过对激励系统模型(4.2)在不同参数值情况下两组数据的数值仿真结果来验证 4.3 节中的理论分析。为方便讨论，将系统模型(4.2)改写成如下形式：

$$\begin{cases} \dot{x}_1 = x_2 \\ \dot{x}_2 = -b_1 x_1 - x_2 + a_1 \tanh(x_3(t-\tau)) \\ \dot{x}_3 = x_4 \\ \dot{x}_4 = -b_2 x_3 - x_4 + a_2 \tanh(x_1(t-\tau)) \end{cases} \tag{4.45}$$

第一，考察当 $a_1 = 6$、$a_2 = 7$、$b_1 = 5$、$b_2 = 10$ 时的系统模型，由定理 4.1 可以求得式(4.11)中的 $d > 0$，则系统模型在时滞的临界点附近会出现 Hopf 分岔。通过定理 4.2 可以计算出时滞的临界值 $\tau_0 = 0.1659$，于是分别选择 $\tau = 0.14 < \tau_0$ 和 $\tau = 0.2052 > \tau_0$ 两种情况，图 4.2 和图 4.3 分别给出了这两种不同时滞情况下系统模型对应的波形图和相图，其中图 4.2(a)～(d)绘制了时延 $\tau=0.14$ 时系统模型在不同方向上解的波形图，图 4.2(e)～(h)绘制了时延 $\tau=0.14$ 时系统模型在不同方向上解的相图；同样，图 4.3(a)～(d)绘制了时延 $\tau=0.2052$ 时系统模型在不同方向上解的波形图，图 4.3(e)～(h) 绘制了该时延下系统模型在不同方向上解的相图。通过式 (4.44)，可以求得决定分岔方向以及分岔周期解稳定性的两个参数，分别是 $\mu_2 = 0.2459 > 0$ 以及 $\beta_2 = 1.8276 > 0$，由此可以知道系统模型将出现分岔，并且该分岔是超临界，分岔周期解的轨道是不稳定的，从图 4.2 和图 4.3 可以验证，分岔点即时滞的临界值 $\tau_0 = 0.1659$ 是超临界的，即 $\tau = 0.14 < \tau_0$ 时系统模型是在平衡点处渐近稳定，如图 4.2 所示。若 $\tau = 0.2052 > \tau_0$ 时平衡点将失去稳定性，发生 Hopf 分岔(即对应网络出现振荡)，如图 4.3 所示，相应分岔周期解的轨道呈现不稳定状态。

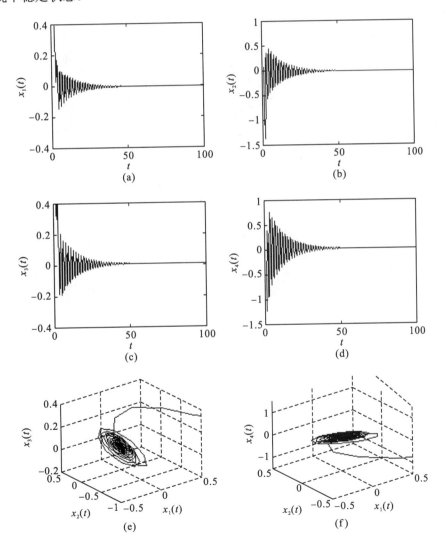

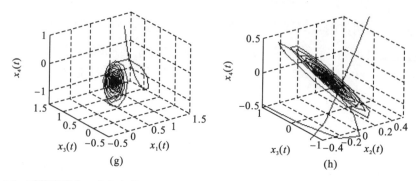

图 4.2　系统模型 (4.45) 在参数 $a_1 = 6$、$a_2 = 7$、$b_1 = 5$、$b_2 = 10$ 和 $\tau = 0.14$ 时的波形图和相图[9]

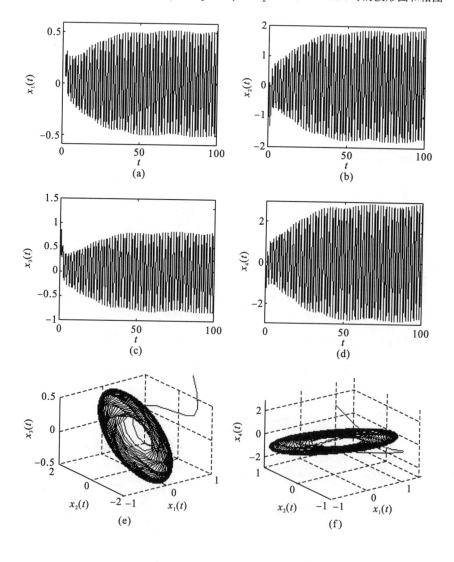

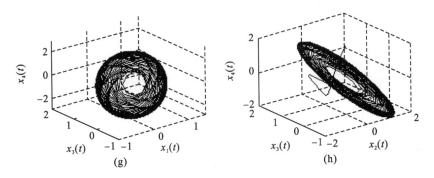

图 4.3 系统模型 (4.45) 在参数 $a_1 = 6$、$a_2 = 7$、$b_1 = 5$、$b_2 = 10$ 和 $\tau = 0.2052$ 时的波形图和相图[9]

第二，考察另一组数据 $a_1 = 5$、$a_2 = 4$、$b_1 = 5$、$b_2 = 10$，由定理 4.1 可求得式 (4.11) 中的 $d > 0$，则系统模型在时滞的临界点附近会出现 Hopf 分岔。通过定理 4.2，可以计算出时滞的临界值 $\tau_0 = 0.2327$，于是分别选择 $\tau = 0.2 < \tau_0$ 和 $\tau = 0.35 > \tau_0$ 两种情况，画出了这两种不同时滞情况下系统模型对应的波形图和相图，如图 4.4 和图 4.5 所示，其中类似于图 4.2 和图 4.3，图 4.4(a)~(d) 绘制了时延 $\tau = 0.2$ 时系统模型在不同方向上解的波形图，图 4.4(e)~(h) 绘制了时延 $\tau = 0.2$ 时系统模型在不同方向上解的相图；同样，图 4.5(a)~(d) 绘制了时延 $\tau = 0.35$ 时系统模型在不同方向上解的波形图，图 4.5(e)~(h) 绘制了该时延下系统模型在不同方向上解的相图。同样，由式 (4.44) 可以求得 $\mu_2 = 0.0176 > 0$ 以及 $\beta_2 = -0.06076 < 0$，由此可以知道系统模型将出现分岔，并且该分岔是超临界，但是分岔周期解存在一个轨道稳定的极限环，由图 4.4 和图 4.5 可以验证，分岔点 $\tau_0 = 0.2327$ 是超临界的，即 $\tau = 0.2 < \tau_0$ 时系统模型在平衡点处渐近稳定，如图 4.4 所示。若 $\tau = 0.35 > \tau_0$，则平衡点将失去稳定性，发生 Hopf 分岔(即对应网络出现振荡)，如图 4.5 所示，同时存在一个分岔周期解的轨道的稳定极限环。

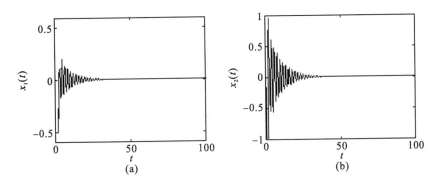

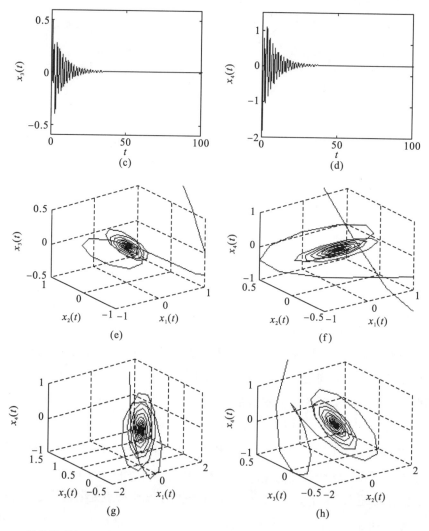

图 4.4　系统模型 (4.45) 在参数 $a_1 = 5$、$a_2 = 4$、$b_1 = 5$、$b_2 = 10$ 和 $\tau = 0.2$ 时的波形图和相图[9]

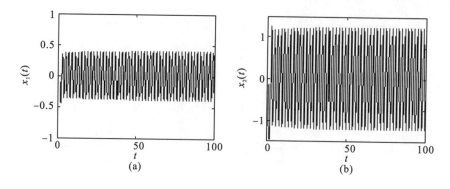

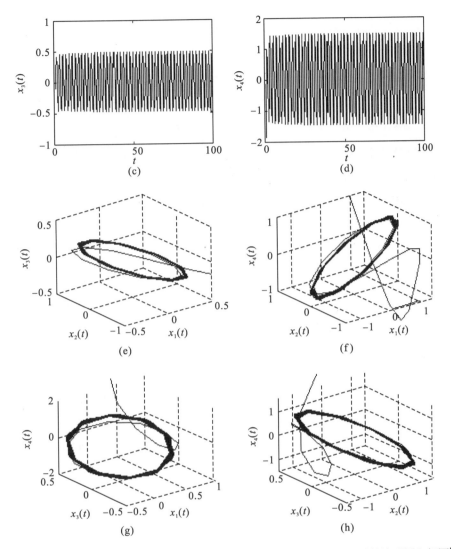

图 4.5　系统模型 (4.45) 在参数 $a_1 = 5$、$a_2 = 4$、$b_1 = 5$、$b_2 = 10$ 和 $\tau = 0.35$ 时的波形图和相图[9]

4.5　混沌行为的发现

本节继续对系统模型 (4.45) 在参数 $a_1 = \pm 5$、$a_2 = 4$、$b_1 = 5$、$b_2 = 10$ 时的动力学行为进行讨论和分析。由于此系统模型是四阶的非线性时滞微分方程，所以它具有十分复杂的动力学行为。当时滞进一步增加时，系统模型会呈现混沌现象。通过计算机仿真，由最大 Lyapunov 指数的计算可以观察混沌和分岔区域，当系统参数为 $a_1 = 5$、$a_2 = 4$、$b_1 = 5$、$b_2 = 10$ 并且时滞不断增加的情况下，通过超临界 Hopf 分岔点后出现了周期解的稳定极限环，由图 4.6 可以验证分岔周期解是稳定的。为了验证最终出现混沌的结果，绘出了 $a_1 = \pm 5$、$a_2 = 4$、$b_1 = 5$、$b_2 = 10$、$\tau = 15$ 时两组参数下的波形图和相图，如图 4.6 和图 4.7 所示。其中，图 4.6 对应于参数 $a_1 = 5$、$a_2 = 4$、$b_1 = 5$、$b_2 = 10$、$\tau = 15$ 情况下系统模型在不同方向上解的波形图（图 4.6(a)～(d)）和相图（图 4.6(e)～(h)），图 4.7 对应于参数 $a_1 = -5$、$a_2 = 4$、$b_1 = 5$、$b_2 = 10$、$\tau = 15$ 情况下系统模型在不同方向上解的波形图（图 4.7(a)～(d)）和相图（图 4.7(e)～(h)）。同时分别绘出了对应于参数 $a_1 = 5$、$a_2 = 4$、$b_1 = 5$、$b_2 = 10$、$\tau = 15$ 情况下系统模型的功率谱图（图 4.8）和对应于参数 $a_1 = -5$、$a_2 = 4$、$b_1 = 5$、$b_2 = 10$、$\tau = 15$ 情况下系统模型的功率谱图（图 4.9）、以时滞为变化且参数 $a_1 = 5$、$a_2 = 4$、$b_1 = 5$、$b_2 = 10$ 时系统模型的分岔图（图 4.10）和 $a_1 = -5$、$a_2 = 4$、$b_1 = 5$、$b_2 = 10$ 时系统模型的分岔图（图 4.11），以及分别对应的 Lyapunov 指数图（图 4.12 和图 4.13）。这些数值仿真结果均显示，随着时滞的不断增加，当 $\tau = 11$ 这一临界点时，系统模型会出现混沌行为。当系统参数为 $a_1 = 5$、$a_2 = 4$、$b_1 = 5$、$b_2 = 10$、$\tau = 15$ 时，相图局限于有限区域但轨道永不重复，功率谱图表现为出现噪声背景、宽峰的连续谱，分岔图（图 4.10）中显示当时滞增大到 5 之后呈现密集点现象，Lyapunov 指数图（图 4.12）在时滞 7 附近以及超过 10 之后处于小于 0 的状态，这些都表明系统模型会产生混沌行为。同样可以观察当系统参数为 $a_1 = -5$、$a_2 = 4$、$b_1 = 5$、$b_2 = 10$、$\tau = 15$ 时，相图局限于有限区域但轨道永不重复，功率谱图表现为出现噪声背景、宽峰的连续谱，分岔图（图 4.11）中显示当时滞增大到 8 之后呈现密集点现象，Lyapunov 指数图（图 4.13）在时滞超过 10 之后处于小于 0 的状态，这些都表明系统模型会产生一段时期的混沌行为在时滞为 15 时系统模型是混沌的。

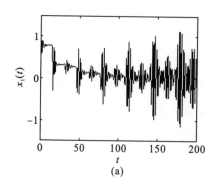

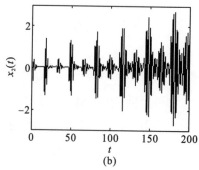

(a)　　　　　　　　　　　　　　　　　(b)

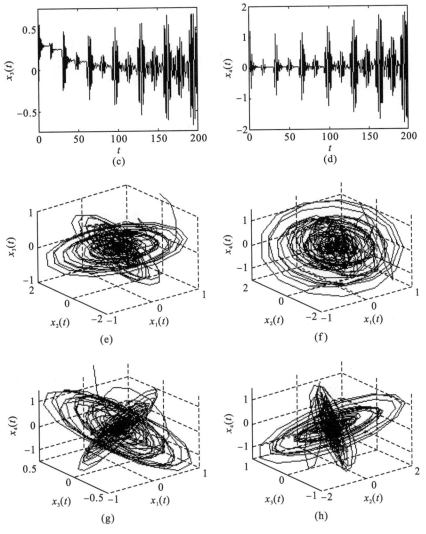

图 4.6　系统模型 (4.45) 在参数 $a_1 = 5$、$a_2 = 4$、$b_1 = 5$、$b_2 = 10$、$\tau = 15$ 时的波形图和相图[9]

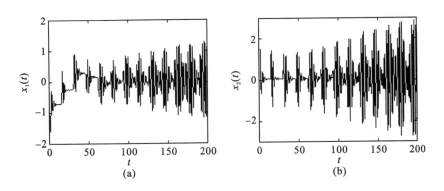

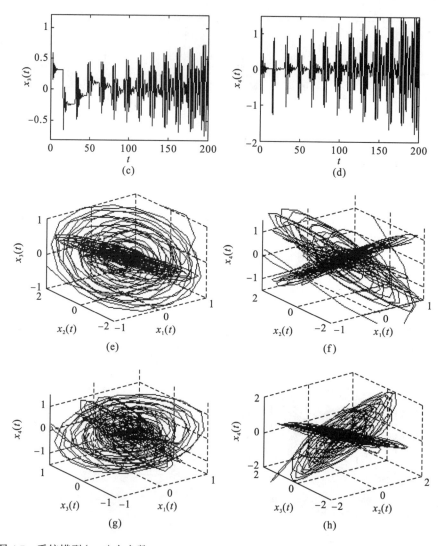

图 4.7　系统模型 (4.45) 在参数 $a_1 = -5$、$a_2 = 4$、$b_1 = 5$、$b_2 = 10$、$\tau = 15$ 时的波形图和相图[9]

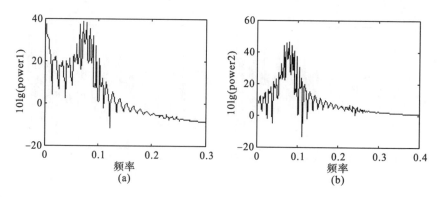

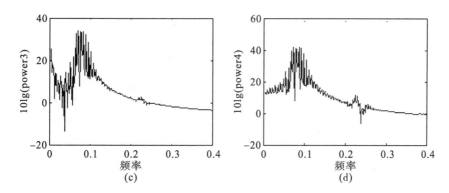

图 4.8　系统模型 (4.45) 在参数 $a_1 = 5$、$a_2 = 4$、$b_1 = 5$、$b_2 = 10$、$\tau = 15$ 时的功率谱图[9]

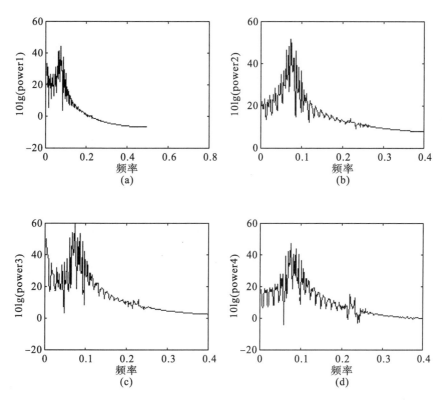

图 4.9　系统模型 (4.45) 在参数 $a_1 = -5$、$a_2 = 4$、$b_1 = 5$、$b_2 = 10$、$\tau = 15$ 时的功率谱图[9]

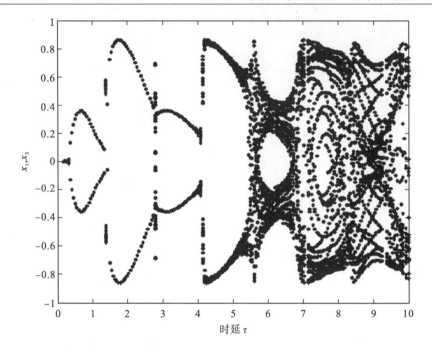

图 4.10　系统模型 (4.45) 在参数 $a_1 = 5$、$a_2 = 4$、$b_1 = 5$、$b_2 = 10$ 时的分岔图[9]

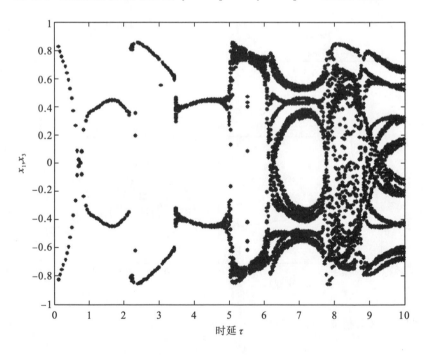

图 4.11　系统模型 (4.45) 在参数 $a_1 = -5$、$a_2 = 4$、$b_1 = 5$、$b_2 = 10$ 时的分岔图[9]

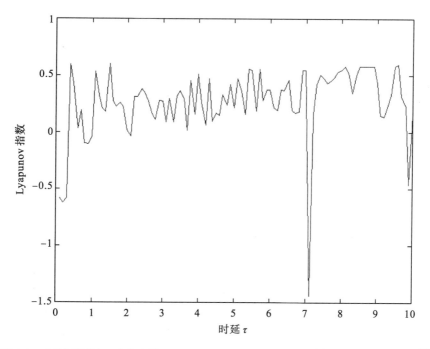

图 4.12　系统模型 (4.45) 在参数 $a_1 = 5$、$a_2 = 4$、$b_1 = 5$、$b_2 = 10$ 时的 Lyapunov 指数图[9]

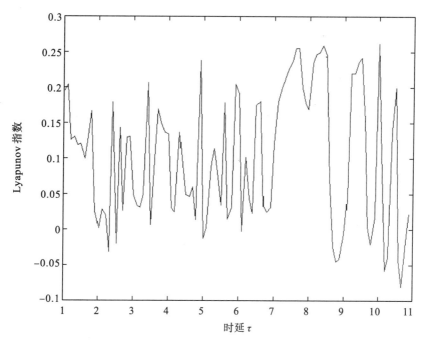

图 4.13　系统模型 (4.45) 在参数 $a_1 = -5$、$a_2 = 4$、$b_1 = 5$、$b_2 = 10$ 时的 Lyapunov 指数图[9]

4.6 本章小结

本章研究了带有惯性项的两个神经元的时滞网络。首先详细地分析了该模型的局部稳定性，并且利用时滞作为分岔参数，从理论上分析了当时滞达到某个临界值时 Hopf 分岔点会出现，即表明从该点开始会分岔出一族周期轨道，同时利用 Hassard 提出的理论证明并分析了分岔方向和分岔周期轨道稳定性的条件，并通过一组仿真实例证明了该条件的正确性。

实际上在分岔动力学行为的研究中，根据模型在不同应用中的要求，可以选择将会产生重要影响的参数进行分析讨论，而并不仅限于以时滞作为分岔参数进行分析，其采用的分析方法和讨论过程与 4.3 节类似，由此可以根据实际工程的需要，把网络振荡控制到期望的稳定状态，这对实际工作将更有意义。

参 考 文 献

[1] Liao X F, Chen G. Hopf bifurcation and chaos analysis of Chen's system with distributed delays[J]. Chaos, Solitons & Fractals，2005，25(1)：197-220.

[2] Liao X F，Li S W，Chen G. Bifurcation analysis on a two-neuron system with distributed delays in the frequency domain[J]. Journal of the International Neural Network Society，2004，17(4)：545-561.

[3] Liao X F，Wong K W，Leung C S，et al. Hopf bifurcation and chaos in a single delayed neuron equation with non-monotonic activation function[J]. Chaos Solitons & Fractals，2001，12(8)：1535-1547.

[4] Liao X F，Wong K W，Wu Z F. Bifurcation analysis in a two-neuron system with distributed delays[J]. Physica D：Nonlinear Phenomena，2001，149(1-2)：123-141.

[5] Wei J J，Li M Y. Global existence of periodic solutions in a tri-neuron network model with delays[J]. Physica D：Nonlinear Phenomena，2004，198(1-2)：106-119.

[6] Wang L，Zou X. Hopf bifurcation in bidirectional associative memory neural networks with delays：analysis and computation[J]. Journal of Computational and Applied Mathematics，2004，167(1)：73-90.

[7] Guo S，Huang L. Hopf bifurcating periodic orbits in a ring of neurons with delays[J]. Physica D：Nonlinear Phenomena，2003，183(1-2)：19-44.

[8] Li C G，Chen G R，Liao X F，et al. Hopf bifurcation and chaos in a single inertial neuron model with time delay[J]. The European Physical Journal B—Condensed Matter and Complex Systems，2004，41(3)：337-343.

[9] Liu Q，Liao X F，Liu Y B，et al. Dynamics of an inertial two-neuron system with time delay[J]. Nonlinear Dynamics，2009，58(3)：573-609.

第 5 章 带惯性项的两个时滞神经元系统的共振余维二分岔

5.1 带惯性项的两个时滞神经元系统描述

众所周知，在神经动力学(neurodynamics)领域，非线性动力学系统稳定性(或不稳定性)的一个重要特征就是它代表了整个系统的特性，一个参数的微小扰动都会造成系统动力学行为的变化，导致不稳定现象的发生[1]。

本章将继续对第 4 章阐述的系统模型(4.2)在系数 $a_1 = a_2$、$b_1 = b_2$ 的特殊情况下，进行更加深入的动力学行为分析。首先，对此特殊情况下的模型在原点附近的局部稳定性进行分析，以时滞作为分岔参数，获得该参数变化情况下的稳定性准则；其次，分析对应模型线性部分的特征方程在系数 $a_1 = a_2$、$b_1 = b_2$ 条件下何时会有两对纯虚根 $\pm i\omega_1$、$\pm i\omega_2$ 出现，当两对纯虚根出现时，在分岔临界点将形成两条 Hopf 分岔曲线，这种现象在动力学理论中称为余维二分岔(或双 Hopf 分岔)，此时会形成共振频率为 $\omega_1 : \omega_2 = m : n$，$m, n \in \mathbf{Z}^+$ ($\mathbf{Z}^+$ 是正整数集合)的共振现象[2,3]；最后，通过实例，使用仿真结果的波形图、相图和分岔曲线图验证此特殊情况下模型的理论分析结果。

本章研究的意义在于：鉴于神经系统的动力学行为表征了人的认知活动，即感知、学习、联想、记忆、识别和推理等智能行为，因此对神经系统动力学行为的深入研究不仅能够探索大脑的神经网络机理，而且有助于拓展神经网络模型的智能系统应用和开发，所采用的研究手段和方法对实际问题具有一定的指导意义和潜在的应用价值。

5.2 余维二分岔的存在性和局部稳定性

考察带惯性项的两个时滞神经元系统模型：

$$\begin{cases} \ddot{v}_1 = -\dot{v}_1 - bv_1 + a\tanh(v_2(t-\tau)) \\ \ddot{v}_2 = -\dot{v}_2 - bv_2 + a\tanh(v_1(t-\tau)) \end{cases} \tag{5.1}$$

为方便讨论,首先将该系统在原点处进行泰勒级数展开,获得如下近似表达式:

$$\begin{cases} \ddot{v}_1 = -\dot{v}_1 - bv_1 + a\left(v_2(t-\tau) - \frac{1}{3}v_2^3(t-\tau)\right) + O(v_2^5(t-\tau)) \\ \ddot{v}_2 = -\dot{v}_2 - bv_2 + a\left(v_1(t-\tau) - \frac{1}{3}v_1^3(t-\tau)\right) + O(v_1^5(t-\tau)) \end{cases} \tag{5.2}$$

定义向量 $X = [x_1, x_2, x_3, x_4]^T$ 和 $X(t-\tau) = [x_1(t-\tau), x_2(t-\tau), x_3(t-\tau), x_4(t-\tau)]^T$,将模型(5.2)改写为

$$\begin{cases} \dot{x}_1 = x_2 \\ \dot{x}_2 = -bx_1 - x_2 + a\left(x_3(t-\tau) - \frac{1}{3}x_3^3(t-\tau) + O(x_3^5(t-\tau))\right) \\ \dot{x}_3 = x_4 \\ \dot{x}_4 = -bx_3 - x_4 + a\left(x_1(t-\tau) - \frac{1}{3}x_1^3(t-\tau) + O(x_1^5(t-\tau))\right) \end{cases} \tag{5.3}$$

并将其转化为如下紧凑向量形式:

$$\dot{X}(t) = L_0 X(t) + R_0 X(t-\tau) + \left(R_\alpha X^3(t-\tau) + F(X(t-\tau))\right) \tag{5.4}$$

其中

$$L_0 = \begin{bmatrix} 0 & 1 & 0 & 0 \\ -b & -1 & 0 & 0 \\ 0 & 0 & 0 & 1 \\ 0 & 0 & -b & -1 \end{bmatrix}, \quad R_0 = \begin{bmatrix} 0 & 0 & 0 & 0 \\ 0 & 0 & a & 0 \\ 0 & 0 & 0 & 0 \\ a & 0 & 0 & 0 \end{bmatrix}$$

$$R_\alpha = \begin{bmatrix} 0 & 0 & 0 & 0 \\ 0 & 0 & -\frac{1}{3}a & 0 \\ 0 & 0 & 0 & 0 \\ -\frac{1}{3}a & 0 & 0 & 0 \end{bmatrix}, \quad F(X(t-\tau)) = \begin{bmatrix} 0 \\ f(v_2(t-\tau)) \\ 0 \\ f(v_1(t-\tau)) \end{bmatrix}$$

上述系统解的稳定性由其线性部分雅可比(Jacobian)矩阵的特征值决定,所以忽略高阶非线性项,对系统线性部分的特征方程进行研究[4]:

$$\dot{X}(t) = L_0 X(t) + R_0 X(t-\tau) \tag{5.5}$$

将通解 $X(t) = C\exp(\lambda t)$ 代入可以获得如下特征方程:

$$\begin{aligned} F_1(\lambda) &= \wedge_1(\lambda)\wedge_2(\lambda) \\ &= (\lambda^2 + \lambda + b + ae^{-\lambda\tau})(\lambda^2 + \lambda + b - ae^{-\lambda\tau}) = 0 \end{aligned} \tag{5.6}$$

由于系统模型的稳定性依赖于特征方程根实部的符号,所以首先考虑:

$$\wedge_1(\lambda) = \lambda^2 + \lambda + b + a\mathrm{e}^{-\lambda\tau} = 0 \tag{5.7}$$

对于 $\wedge_2(\lambda) = \lambda^2 + \lambda + b - a\mathrm{e}^{-\lambda\tau} = 0$ 的情况可以用同样的分析方法得到下述类似的结论。

假设在某个时滞 τ 时，存在解 $\lambda = \pm\mathrm{i}\omega$，$\omega > 0$，下面分两种情况对系统稳定性条件进行详细的分析。

(1) 当 $a + b \neq 0$ 时，将方程 (5.7) 分写成实部和虚部：

$$b - \omega^2 + a\cos(\omega\tau) = 0 , \quad \omega - a\sin(\omega\tau) = 0 \tag{5.8}$$

将式 (5.8) 分别平方后相加，有

$$(\omega^2 - b)^2 + \omega^2 = a^2 \tag{5.9}$$

展开式 (5.9) 得到方程

$$\omega^4 + (1 - 2b)\omega^2 + (b^2 - a^2) = 0$$

解上述方程得到根为

$$\omega_{\pm}^2 = \frac{1}{2}\left\{ (2b-1) \pm \left[(2b-1)^2 - 4(b^2 - a^2) \right]^{\frac{1}{2}} \right\} \tag{5.10}$$

对式 (5.10) 分析，可总结如下结论：

① 若 $b^2 \leqslant a^2$，则方程有一对纯虚根，即 $\lambda = \pm\mathrm{i}\omega_+$，$\omega_+ > 0$；

② 若 $b^2 > a^2$，并且 $2b - 1 > 0$，$(2b-1)^2 > 4(b^2 - a^2)$，则方程有两对纯虚根，即 $\lambda_{\pm} = \mathrm{i}\omega_{\pm}$，$\omega_+ > \omega_- > 0$。

由于判定 Hopf 分岔的横截性条件是 $\dfrac{\mathrm{d}(\mathrm{Re}\,\lambda(\tau))}{\mathrm{d}\tau} \neq 0$，所以由式 (5.7)，首先对 λ 沿 τ 求导，得

$$\left(2\lambda + 1 - a\tau\mathrm{e}^{-\lambda\tau} \right) \frac{\mathrm{d}\lambda(\tau)}{\mathrm{d}\tau} = a\lambda\mathrm{e}^{-\lambda\tau} \tag{5.11}$$

为便于讨论，将用对 $\left(\dfrac{\mathrm{d}\lambda(\tau)}{\mathrm{d}\tau} \right)^{-1}$ 的分析替代 $\dfrac{\mathrm{d}\lambda(\tau)}{\mathrm{d}\tau}$，由式 (5.11) 可知：

$$\left(\frac{\mathrm{d}\lambda(\tau)}{\mathrm{d}\tau} \right)^{-1} = \frac{(2\lambda + 1)\mathrm{e}^{\lambda\tau}}{a\lambda} - \frac{\tau}{\lambda}$$

且

$$\mathrm{e}^{\lambda\tau} = -\frac{a}{\lambda^2 + \lambda + b}$$

由此有如下关系式：

$$\text{sign}\left\{\frac{d(\text{Re}\,\lambda)}{d\tau}\right\}_{\lambda=i\omega} = \text{sign}\left\{\text{Re}\left(\frac{d\lambda}{d\tau}\right)^{-1}\right\}_{\lambda=i\omega}$$

$$= \text{sign}\left\{\text{Re}\left[-\frac{2\lambda+1}{\lambda(\lambda^2+\lambda+b)}\right]_{\lambda=i\omega}\right\} \quad (5.12)$$

$$= \text{sign}\left\{\frac{1-2(b-\omega^2)}{(b-\omega^2)^2+\omega^2}\right\}$$

$$= \text{sign}\left\{1-2(b-\omega^2)\right\}$$

将式 (5.10) 代入式 (5.12) 的最后一步，显然 ω 为 ω_+ 时，$\dfrac{d\lambda(\tau)}{d\tau}$ 的符号为正，反之，当 ω 为 ω_- 时，$\dfrac{d\lambda(\tau)}{d\tau}$ 的符号为负。由式 (5.8) 可得两组 τ 值，使得 λ 具有虚根：

① $\tau_{n,1} = \dfrac{\theta_1}{\omega_+} + \dfrac{2n\pi}{\omega_+}$, $0 \leqslant \theta_1 \leqslant 2\pi$, 并 且 $\cos\theta_1 = -\dfrac{b-\omega_+^2}{a}$, $\sin\theta_1 = \dfrac{\omega_+}{a}$,

$n = 0,1,2,\cdots$;

② $\tau_{n,2} = \dfrac{\theta_2}{\omega_-} + \dfrac{2n\pi}{\omega_-}$, $0 \leqslant \theta_2 \leqslant 2\pi$, 并且 $\cos\theta_2 = -\dfrac{b-\omega_-^2}{a}$, $\sin\theta_2 = \dfrac{\omega_-}{a}$, $n = 0,1,2,\cdots$。

通过分析可以得出以下结论以及定理 5.1。

①若 $b^2 \leqslant a^2$, $\text{sign}\left\{\dfrac{d(\text{Re}\,\lambda)}{d\tau}\right\}_{\lambda=i\omega_+} > 0$，则由式 (5.8) 计算得到 Hopf 分岔点的临界时滞为 $\tau_{0,1} = \dfrac{\theta_1}{\omega_+}$, $0 \leqslant \theta_1 \leqslant 2\pi$, 且 $\cos\theta_1 = -\dfrac{b-\omega_+^2}{a}$, $\sin\theta_1 = \dfrac{\omega_+}{a}$, 此时系统有一对纯虚根 $\lambda = \pm i\omega_+$。随着时滞的增加，当 $\tau > \tau_{0,1}$ 时，系统将失去稳定。

②若 $b^2 > a^2$, $\text{sign}\left\{\dfrac{d(\text{Re}\,\lambda)}{d\tau}\right\}_{\lambda=i\omega_+} > 0$，$\text{sign}\left\{\dfrac{d(\text{Re}\,\lambda)}{d\tau}\right\}_{\lambda=i\omega_-} < 0$，在两种频率对应下 Hopf 分岔点的临界时滞是由式 (5.8) 计算得到的 $\tau_{n,1}$ 和 $\tau_{n,2}$，当系统模型 (5.1) 在 $\tau=0$ 处稳定时，则临界时滞一定满足 $\tau_{0,1} < \tau_{0,2}$，因而有

$$\tau_{n+1,1} - \tau_{n,1} = \frac{2\pi}{\omega_+} < \frac{2\pi}{\omega_-} = \tau_{n+1,2} - \tau_{n,2} \quad (5.13)$$

定理 5.1 若 $a+b=0$，系统模型 (5.1) 存在虚部为正或负的纯虚根的个数可以是零个、一个或者两个：

①如果不存在这样的纯虚根，只要 $\tau \geqslant 0$，系统模型将始终保持零解稳定性。

②如果只有一个正的纯虚根且当 $\tau=0$ 时系统模型稳定，则 $\tau < \tau_{0,1}$ 时系统渐

近稳定，$\tau > \tau_{0,1}$ 时系统模型将失去稳定。

③如果存在两个正的纯虚根 $\pm i\omega_+$ 和 $\pm i\omega_-$，则一定有 $\omega_+ > \omega_- > 0$。当系统模型在 $\tau = 0$ 时稳定，则系统模型将在两个时滞 $\tau_{n,1}$、$\tau_{n,2}$ 处产生余维二分岔。系统模型的状态将在两个时滞间维持从稳定到不稳定的转换，随着时滞的增加，这个过程演变成不稳定。

(2) 当 $a + b = 0$，分析系统的特征方程 (5.7)，则存在以下两种情况以及定理 5.2。

①稳定情况：假设 $\sqrt{b} \leqslant 1/2$，令 $\lambda = u + iv$，其中 $u > 0$，且 $\tau \geqslant 0$，则特征方程 (5.6) 可以写为

$$u^2 - v^2 + 2iuv + b + ae^{-u\tau}[\cos(v\tau) - i\sin(v\tau)] = 0$$

将实部和虚部分开如下：

$$u^2 - v^2 + u + b + ae^{-u\tau}\cos(v\tau) = 0$$
$$2uv + v - ae^{-u\tau}\sin(v\tau) = 0 \tag{5.14}$$

将两式两边平方后相加，得

$$(u^2 - v^2 + u + b)^2 + (2uv + v)^2 = a^2 e^{-2u\tau} \tag{5.15}$$

则由式 (5.15) 可知：

$$(u^2 - v^2)^2 + 4u^2v^2 + 2(u^3 + uv^2) + (1 + 2b)u^2 + (1 - 2b)v^2 + 2bu + b^2 - a^2 < 0$$

显然该式在命题 $\sqrt{b} \leqslant 1/2$、$u > 0$ 下是不成立的，所以 u 一定小于 0，因此特征方程的根实部一定小于 0，所以系统一定是稳定的。

②不稳定情况：假设 $b < 0$ 并且 $\tau > a^{-1}$，分析系统的特征方程 (5.6)，这里仅考察方程中的实函数，另一部分的分析与此类似：

$$l(\lambda, \tau) = \lambda^2 + \lambda + b + ae^{-\lambda\tau} \tag{5.16}$$

显然有 $l(0,\tau) = 0$ 和 $\lim\limits_{\lambda \to +\infty} l(\lambda,\tau) = +\infty$ 成立。

假设存在一个 $M > 0$，若 $\lambda \geqslant M$，$l(\lambda,\tau) \geqslant 0$，对式 (5.16) 沿 λ 求偏导，则有

$$\frac{\partial l(\lambda,\tau)}{\partial \lambda} = 2\lambda + 1 - a\tau e^{-\lambda\tau} \tag{5.17}$$

显而易见，由于 $\tau > a^{-1}$，所以有 $\dfrac{\partial l(0,\tau)}{\partial \lambda} = 1 - a\tau < 0$ 成立，这也意味着当 $\tau > a^{-1}$ 时，一定存在 $\delta(\tau) > 0$，使得当 $0 < \lambda \leqslant \delta(\tau)$ 时，$l(\lambda,\tau) < 0$。所以至少存在一个 $\overline{\lambda}$，且 $\delta(\tau) < \overline{\lambda} \leqslant M$，使 $l(\overline{\lambda},\tau) = 0$，即特征方程 (5.6) 至少存在一个正根，使得系统是不稳定的。

定理 5.2　若 $a+b=0$，则特征方程至少存在一个正根：

①如果 $\sqrt{b} \leqslant 1/2$，则特征方程根的实部一定为负，所以系统在这种情况下一定是稳定的；

②若 $b<0$ 且 $\tau>a^{-1}$，则特征方程至少存在一个正根，造成系统不稳定，所以一定存在 Hopf 分岔点。

5.3　分岔周期解的稳定性和分岔方向

由于本章系统模型与第 3 章仅仅是在系数上有所不同，所以关于系统的分岔周期解和分岔方向的分析方法和结论这里不再赘述，直接有结论如下。

定理 5.3　由文献[5]可知，在满足定理 5.1 或者定理 5.2 的条件下，有：

①Hopf 分岔的方向由 μ_2 的符号确定，若 $\mu_2>0$（$\mu_2<0$），则分岔是超临界（亚临界）的，分岔周期解存在于 $\tau>\tau_0$（$\tau<\tau_0$）；

②分岔周期解的稳定性由 β_2 确定，若 $\beta_2<0$（$\beta_2>0$），则在中心流形处的分岔周期解是稳定（不稳定）的，并且 T_2 决定了分岔周期解的周期变化情况，若 $T_2>0$（$T_2<0$），则周期是增加（减小）的。

其中，$c_1(0)$、μ_2 和 β_2、T_2 的计算公式如下，g_{20}、g_{11}、g_{02} 和 g_{21} 的值同式（4.43）：

$$
\begin{cases}
c_1(0)=\dfrac{\mathrm{i}}{2\omega_0}\left(g_{20}g_{11}-2|g_{11}|^2-\dfrac{1}{3}|g_{02}|^2\right)+\dfrac{g_{21}}{2} \\[2mm]
\mu_2=-\dfrac{\mathrm{Re}(c_1(0))}{\mathrm{Re}(\lambda'(\tau_0))} \\[2mm]
\beta_2=2\mathrm{Re}(c_1(0)) \\[2mm]
T_2=-\dfrac{\mathrm{Im}(c_1(0))+\mu_2\,\mathrm{Im}(\lambda'(\tau_0))}{\omega_0}
\end{cases}
$$

本节重点讨论如何分析满足条件的共振余维二分岔曲线。针对特征方程（5.6），根据定理 5.1，当系统系数 $a+b\neq0$ 时，特征方程可能会出现两对纯虚根 $\pm\mathrm{i}\omega_1$、$\pm\mathrm{i}\omega_2$，并且 $\omega_1:\omega_2=m:n$，$m,n\in\mathbf{Z}^+$（$\mathbf{Z}^+$ 为正整数集合），二者的比值若为有理数，则会出现余维二分岔，两个 Hopf 分岔的曲线相交并于交叉点出现共振现象。下面分析余维二分岔曲线出现的条件，由特征方程（5.6），有

$$\lambda^2+\lambda+b+a\mathrm{e}^{-\lambda\tau}=0 \text{ 或者 } \lambda^2+\lambda+b-a\mathrm{e}^{-\lambda\tau}=0$$

将 $\lambda^2+\lambda+b+a\mathrm{e}^{-\lambda\tau}=0$ 按实部和虚部写开如下（对于 $\lambda^2+\lambda+b-a\mathrm{e}^{-\lambda\tau}=0$ 的

情况分析方式相同）：

$$\begin{cases} \omega^2 - b = a\cos(\tau\omega) \\ \omega = a\sin(\tau\omega) \end{cases} \tag{5.18}$$

如果 $\max\{\dfrac{1}{2}, a\} < b < a^2 + \dfrac{1}{4}$，则存在两簇满足下列条件的曲线：

$$\begin{cases} \omega = \sqrt{\dfrac{2b-1}{2} + \dfrac{\sqrt{4a^2 - 4b + 1}}{2}} \\ \tau = \begin{cases} \dfrac{1}{\omega}\left[2j\pi + \arccos\dfrac{\omega^2 - b}{a} \right], & a > 0, j = 0,1,2,\cdots \\ \dfrac{1}{\omega}\left[(2j-1)\pi - \arccos\dfrac{\omega^2 - b}{|a|} \right], & a < 0, j = 1,2,3,\cdots \end{cases} \end{cases} \tag{5.19}$$

以及

$$\begin{cases} \omega = \sqrt{\dfrac{2b-1}{2} - \dfrac{\sqrt{4a^2 - 4b + 1}}{2}} \\ \tau = \begin{cases} \dfrac{1}{\omega}\left[2j\pi + \arccos\dfrac{\omega^2 - b}{a} \right], & a > 0, j = 1,2,3,\cdots \\ \dfrac{1}{\omega}\left[2j\pi + \arccos\dfrac{\omega^2 - b}{|a|} \right], & a < 0, j = 1,2,3,\cdots \end{cases} \end{cases} \tag{5.20}$$

于是有定理 5.4 如下。

定理 5.4　若 $a_1 = a_2 = a$，$b_1 = b_2 = b$ 且 $\max\{\dfrac{1}{2}, a\} < b < a^2 + \dfrac{1}{4}$，则系统模型（5.1）存在两个 Hopf 分岔曲线的相交点，而且若满足 $a = \pm\dfrac{\sqrt{(n^2 - m^2)^2 b^2 + 4b - m^2 n^2}}{n^2 + m^2}$，则这些相交点是共振的，其共振频率为 $\omega_1 : \omega_2 = n : m$，$n, m \in \mathbf{Z}^+$（$\mathbf{Z}^+$ 为正整数集合），其中，$\omega_1 = \sqrt{\dfrac{2b-1}{2} + \dfrac{\sqrt{4a^2 - 4b + 1}}{2}}$，$\omega_2 = \sqrt{\dfrac{2b-1}{2} - \dfrac{\sqrt{4a^2 - 4b + 1}}{2}}$。

证明　根据式（5.19）和式（5.20）所给出的两条 Hopf 分岔曲线，易知交叉点应该发生在时滞 τ 相同的点上，因此可以通过对上面两式取时滞相等再联立，就有

$$\frac{\omega_1}{\omega_2} = \frac{\sqrt{\dfrac{2b-1}{2} + \dfrac{\sqrt{4a^2 - 4b + 1}}{2}}}{\sqrt{\dfrac{2b-1}{2} - \dfrac{\sqrt{4a^2 - 4b + 1}}{2}}} = \frac{n}{m} \tag{5.21}$$

不失一般性，当 b 一定时，a 在满足式(5.22)的条件下会出现共振余维二分岔：

$$a = \pm \frac{\sqrt{(n^2 - m^2)^2 b^2 + 4b - m^2 n^2}}{n^2 + m^2} \tag{5.22}$$

证毕。

5.4　数　值　仿　真

本节通过仿真，讨论不同参数情况下余维二分岔的曲线图，然后模拟这些参数情况下的波形图和相图，分析系统的共振现象。

(1)选择参数 $a = 2$，由定理 5.4 可知，此时 $2 < b < 4.25$，在这个范围内将出现余维二分岔点，如图 5.1 所示。(2)选择参数 $a = -2$，同样由定理 5.4 可知，此时 $2 < b < 4.25$，在这个范围内将出现余维二分岔点，如图 5.2 所示。在第一组参数 $a = 2$ 的情况下，由式(5.22)可以计算得到此时的共振频率为 $\omega_1 : \omega_2 = 7 : 2$，由图 5.3 所绘制的系统模型在不同方向上解的波形图(a)～(d)和相图(e)～(h)可以看出明显存在共振现象。对于第二组参数 $a = -2$ 的情况下，用同样的方法可以得到此时共振频率仍然为 $\omega_1 : \omega_2 = 7 : 2$，其仿真结果如图 5.4 所示。

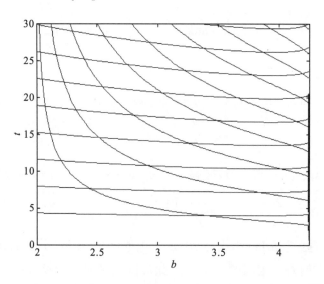

图 5.1　式(5.19)和式(5.20)在参数 $a = 2$ 时的分岔曲线图[6]

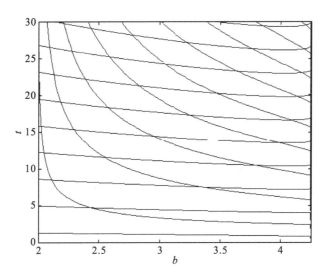

图 5.2　式 (5.19) 和式 (5.20) 在参数 $a = -2$ 时的分岔曲线图[6]

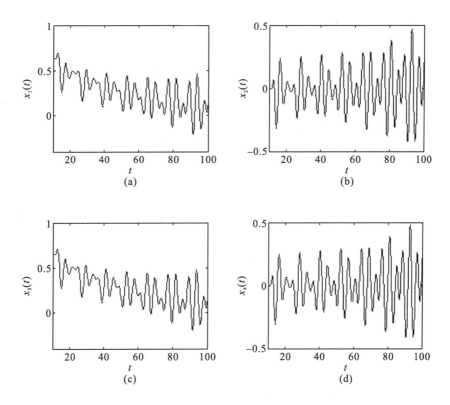

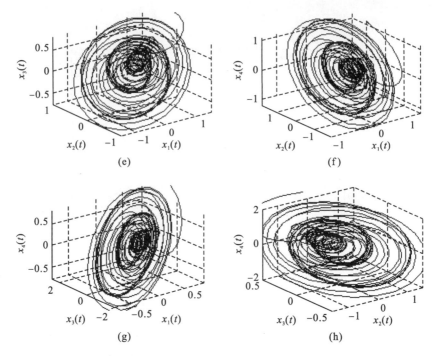

图 5.3　系统模型 (5.1) 在参数 $a_1 = a_2 = 2$、$b_1 = b_2 = 2.37502$、

$\tau = 11.08744323$、$\omega_1 : \omega_2 = 7 : 2$ 下的波形图和相图[6]

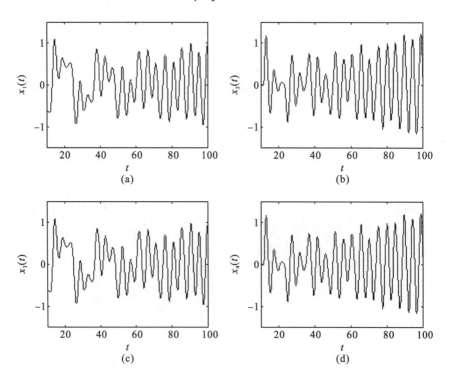

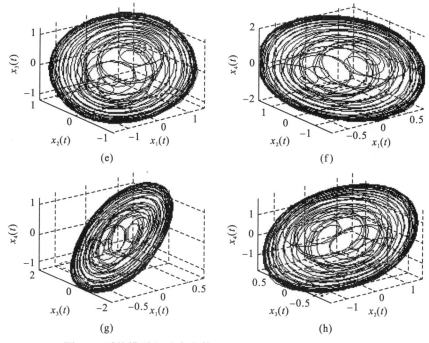

图 5.4　系统模型 (5.1) 在参数 $a_1 = a_2 = -2$、$b_1 = b_2 = 2.37502$、

$\tau = 11.08744323$、$\omega_1 : \omega_2 = 7:2$ 下的波形图和相图[6]

5.5　本　章　小　结

从非线性动力学的角度去分析神经网络系统在不同系数情况下会出现哪些动力学行为，保证整个系统不会出现不稳定或将其稳定区间延长是十分必要的。本章针对系统模型 (4.2) 讨论了在 $a_1 = a_2$、$b_1 = b_2$ 的情况下，系统共振余维二分岔现象。通过对系统特征方程根的分析，讨论了在一定系数的情况下，出现共振余维二分岔的范围以及出现共振余维二分岔点的位置。为验证理论分析的正确性，通过绘制分岔曲线图和相应参数下的波形图、相图得到证实。由于神经网络系统模型正在被广泛应用于智能控制、机器人以及模式识别等领域，所以本章的结果以及分析方法可以为系统振幅的耦合和频率同步，也可为减少系统出现的共振提供理论依据。

从本章的推导过程可以看出，$\omega_1 : \omega_2$ 可以为无理数，这种情况下导致的余维二分岔是非共振的，非共振余维二分岔对系统随着时滞增加而带来的动力学行为又不同，这也有待进一步的研究。

参 考 文 献

[1] Guckenheimer J，Holmes P J. Nonlinear Oscillations，Dynamic Systems and Bifurcation of Vector Fields[M]. New York：Springer-Verlag，1983.

[2] 裴利军，徐鉴. Stuart-Landau 时滞系统非共振双 Hopf 分岔[J]. 振动工程学报，2005，18(1)：24-29.

[3] Leblanc V G，Landford W F. Classification and unfoldings of 1：2 resonant Hopf bifurcation[J]. Archive for Rational Mechanics & Analysis，1996，136(4)：305-357.

[4] Liao X F，Chen G R. Local stability，Hopf and resonant codimension-two bifurcation in a harmonic oscillator with two time delays[J]. International Journal of Bifurcat and Chaos，2001，11(8)：2105-2121.

[5] Belair J，Campbell S A. Stability and bifurcations of equilibria in a multiple-delayed differential equation[J]. SIAM Journal on Applied Mathematics，1994，54(5)：1402-1424.

[6] Liu Q，Liao X F，Liu Y B，et al. Dynamics of an inertial two-neuron system with time delay[J]. Nonlinear Dynamics，2009，58(3)：573-609.

第6章 外部周期激励下惯性时滞神经网络分岔周期解的稳定性分析

6.1 外部周期激励下的时滞惯性神经网络模型描述

外部激励(external excitation)又称外部刺激(external stimulus)，由系统外部受到其他物体的作用而产生。外部激励的研究最早开始于振动力学领域，它在振动领域研究中扮演着非常重要的角色。外部激励也是区分自治系统(autonomous system)和非自治系统(nonautonomous system)的一个关键因素。

动力学系统理论主要研究系统在时间因素影响下，表现出来的一种长期的大范围的定性行为，它也是非线性动力学的数学基础。动力学系统依据是否含时间项被划分为自治系统和非自治系统。其定义如下，考虑 n 维 Euclid 空间 $\mathbf{R}^n$ 的区域 U 上的一阶常微分方程组：

$$\dot{x} = f(x), \quad x \in U \subset \mathbf{R}^n, \quad t \in \mathbf{R} \tag{6.1}$$

其中，$f(x)$ 为光滑向量函数。由于式(6.1)右端的 $f(x)$ 函数不含时间 t，所以该系统称为自治系统。若 $f(x)$ 是 $n+1$ 维空间 $\mathbf{R}^{n+1}$ 到 n 维空间 $\mathbf{R}^n$ 的光滑映射，那么该映射定义了与时间相关的微分方程组：

$$\dot{x} = f(x,t), \quad x \in U \subset \mathbf{R}^n, \quad t \in \mathbf{R} \tag{6.2}$$

此时 $f(x)$ 函数的右端含时间 t，因此该常微分方程组称为非自治系统。大量的研究工作往往集中在对自治系统的分岔、混沌行为的讨论上，对于非自治系统的相关动力学行为研究不多。然而，在很多振动力学研究中，往往是对非自治系统模型增加外部周期激励项再进行分析[1-7]，所采用的方法一般是首先将方程转化为自治系统，然后进一步予以研究。常用方法如下：

(1)直接把时间 t 看成参数，增补一个方程 $\dot{t}=0$，则系统成为自治系统；

(2)若时间为周期性的时间项，则可以运用平均法，在一个周期内对其进行平均，从而得到新的自治方程，本章采用的这种平均法；

(3)对特别简单的周期性的时间项如 $\cos(\omega t)$、$\sin(\omega t)$，可以使用升维法，即直接增补两个系统方程 $\dot{u} = \omega v$，$\dot{v} = -\omega u$，显然 u 即 $\sin(\omega t)$，因此将 u 替换系统中的 $\sin(\omega t)$ 后，系统转化为自治系统。

许多生物神经网络研究的实验和理论成果都证明动物大脑在进行编码和后续的联想记忆时呈现动态吸引子而不是静态吸引子，这些说明人工神经网络动力学行为的理论研究具有非常重要的实际价值。然而，时滞等导致的非线性非自治系统的动力学行为研究较少，但是非常重要，尤其是神经网络的耗散性分析，如文献[8]的实验表明视觉皮层的细胞群在受到外部激励的条件下会产生同步振荡；Gopalsamy 等[9]分析了单个神经元在时滞及外部周期激励环境中的稳定性以及耗散性；Huang 等[10]研究了单个神经元在时滞和外部周期激励下周期解的存在性以及周期解的全局指数稳定性。

本章就单个惯性神经元模型在时滞和外部周期激励共同作用下的分岔和混沌等动力学现象进行讨论，讨论系统模型如下：

$$\ddot{x} = -a\dot{x} - bx + c\tanh\big(x(t-\tau)\big) + k\cos(\Omega t) \tag{6.3}$$

由于第 4 章和第 5 章采用文献[11]中的 Hassard 方法只适用于自治系统的动力学分岔行为分析，不再适用于非自治系统领域，所以这里将引入文献[12]中的近似解析法技术来分析系统模型 (6.3) 的动力学行为。

6.2 对应自治系统的局部稳定性和 Hopf 分岔的存在性

根据常微分方程的线性理论，对于引入了外部激励的非自治系统，其相应自治系统的稳定区域将转化成周期解的区域，因此可以首先讨论当 $k = 0$ 时，系统转化为自治系统后的局部稳定性及其 Hopf 分岔情况，此时系统模型 (6.3) 转变为下述模型：

$$\ddot{x} = -a\dot{x} - bx + c\tanh\big(x(t-\tau)\big) \tag{6.4}$$

由文献[13]可知，系统的不动点是独立于惯性项的，这意味着不动点通常出现在方程的原点处，由于可以用近似解逼近方程的解，所以首先对式 (6.4) 在原点处进行泰勒级数展开，其结果如下：

$$\ddot{x} = -a\dot{x} - bx + c\left(x(t-\tau) - \frac{1}{3}x^3(t-\tau) + O(x^5(t-\tau))\right) \tag{6.5}$$

进一步将上述方程进行线性化处理：

$$\begin{cases} \dot{x}_1 = x_2 \\ \dot{x}_2 = -ax_2 - bx_1 + c\left(x_1(t-\tau) - \dfrac{1}{3}x_1^3(t-\tau) + O(x_1^5(t-\tau))\right) \end{cases} \tag{6.6}$$

为方便讨论，定义向量 $X = [x_1, x_2]^T$ 以及 $X(t-\tau) = [x_1(t-\tau), x_2(t-\tau)]^T$，则式 (6.6) 可以表示成向量的紧凑形式：

$$\dot{X}(t) = L_0 X(t) + R_0 X(t-\tau) + R_\alpha X^3(t-\tau) + F(X(t-\tau)) \tag{6.7}$$

其中

$$L_0 = \begin{bmatrix} 0 & 1 \\ -b & -a \end{bmatrix}, \quad R_0 = \begin{bmatrix} 0 & 0 \\ c & 0 \end{bmatrix}, \quad R_\alpha = \begin{bmatrix} 0 & 0 \\ -d & 0 \end{bmatrix}$$

$$F(X(t-\tau)) = \begin{bmatrix} 0 & 0 \\ O(x_1^5(t-\tau)) & 0 \end{bmatrix}, \quad d = \frac{1}{3}c$$

忽略高阶项，只考虑线性部分 (6.8) 的特征方程：

$$\dot{X}(t) = L_0 X(t) + R_0 X(t-\tau) \tag{6.8}$$

代入通解 $X(t) = C\exp(\lambda t)$，式 (6.8) 的特征方程可以写为

$$\begin{aligned} F_1(\lambda) &= \det(\lambda I - L_0 - R_0 e^{-\lambda\tau}) \\ &= \lambda(\lambda + a) + (b - ce^{-\lambda\tau}) \\ &= \lambda^2 + a\lambda - ce^{-\lambda\tau} + b = 0 \end{aligned} \tag{6.9}$$

令 $\lambda = u + iv$ $(u, v \in \mathbf{R})$，将式 (6.9) 的实部和虚部分开，得到如下表达式：

$$\begin{aligned} u^2 - v^2 + au - ce^{-u\tau}\cos(v\tau) + b &= 0 \\ 2uv + av + ce^{-u\tau}\sin(v\tau) &= 0 \end{aligned} \tag{6.10}$$

令 $\tau = \tau_0$ 时 $u(\tau_0) = 0$ 并且 $v(\tau_0) = \omega_0$，则式 (6.10) 可以简化为

$$\begin{cases} -\omega_0^2 + b = c\cos(\omega_0\tau_0) \\ a\omega_0 = -c\sin(\omega_0\tau_0) \end{cases} \tag{6.11}$$

两边同时平方后相加，得

$$\omega_0^4 + (a^2 - 2b)\omega_0^2 + b^2 = c^2$$

则有下列引理成立。

引理 6.1　如果 $|c| > |b|$ 成立，那么方程在 $\tau = \tau_0$ 时，存在一组纯虚根 $\pm i\omega_0$，其中

$$\omega_0 = \sqrt{\frac{(2b - a^2) \pm \sqrt{a^2(a^2 - 4b) + 4c^2}}{2}}$$

$$\tau_0 = \begin{cases} n\pi + \dfrac{1}{\omega_0}\arcsin\dfrac{a\omega_0}{c}, & n\text{为奇数} \\[3mm] n\pi - \dfrac{1}{\omega_0}\arcsin\dfrac{a\omega_0}{c}, & n\text{为偶数} \end{cases} \tag{6.12}$$

将方程(6.9)对 τ 求导,则有

$$2\lambda\lambda' + a\lambda' + \tau c e^{-\lambda\tau}\lambda' + \lambda c e^{-\lambda\tau} = 0$$

其中

$$\begin{aligned} \frac{\mathrm{d}\lambda(\tau)}{\mathrm{d}\tau} &= \frac{-\lambda c e^{-\lambda\tau}}{2\lambda + a + \tau c e^{-\lambda\tau}} \\ &= \frac{(-\omega_0 c\sin(\omega_0\tau_0) - \mathrm{i}\omega_0 c\cos(\omega_0\tau_0))\big[(a + \tau_0 c\cos(\omega_0\tau_0)) - \mathrm{i}(2\omega_0 - \tau_0 c\sin(\omega_0\tau_0))\big]}{(a + \tau_0 c\cos(\omega_0\tau_0))^2 + (2\omega_0 - \tau_0 c\sin(\omega_0\tau_0))^2} \end{aligned}$$

于是有

$$\begin{aligned} \mathrm{Re}\!\left(\frac{\mathrm{d}\lambda}{\mathrm{d}\tau}\right)\bigg|_{\tau=\tau_0} &= G^{-1}(-\omega_0 c\sin(\omega_0\tau_0))(a + \tau_0 c\cos(\omega_0\tau_0)) - \omega_0 c\cos(\omega_0\tau_0)(2\omega_0 - \tau_0 c\sin(\omega_0\tau_0)) \\ &= G^{-1}(-a\omega_0 c\sin(\omega_0\tau_0) - 2\omega_0^2 c\cos(\omega_0\tau_0)) \\ &= G^{-1}(a^2\omega_0^2 - 2\omega_0^2(b - \omega_0^2)) \end{aligned}$$

其中

$$G = (a + \tau_0 c\cos(\omega_0\tau_0))^2 + (2\omega_0 - \tau_0 c\sin(\omega_0\tau_0))^2 \text{ 是正整数,则有以下引理 6.2}$$

成立。

引理 6.2　若 $a^2 > 2b$,$|c| > |b|$,那么有 $\mathrm{Re}\!\left(\dfrac{\mathrm{d}\lambda}{\mathrm{d}\tau}\right)\bigg|_{\tau=\tau_0} > 0$。

由上述分析及两个引理,可以有如下定理成立。

定理 6.1　对于系统模型(6.4),若 $|c| > |b|$,由引理 6.1 和引理 6.2 可知,当 $\tau = \tau_0$ 时,系统在平衡点(原点处)存在 Hopf 分岔。

6.3　分岔周期解的方向和稳定性分析

从 6.2 节的分析可知,系统模型(6.3)在缺少外部激励的情况下,当 $\tau = \tau_0$ 时将在平衡点处产生 Hopf 分岔,本节采用平均法的思想讨论系统模型(6.3)在外部激励影响下 Hopf 分岔周期解的方向和稳定性问题[1,2,4,7]。

为了方便讨论分岔点附近 Hopf 分岔周期解的情况,引入 α_1、α_2,对 x 和 k 重新进行尺度刻化,令 $a = a_0 + \alpha_1\varepsilon$,$c = c_0 + \alpha_2\varepsilon$ 并且 $x \to \sqrt{\varepsilon}x$,$k \to \varepsilon^{3/2}k$,那么

系统模型(6.3)在泰勒级数展开后可以重写为

$$\ddot{x} + a_0\dot{x} - c_0 x(t-\tau) + bx = \varepsilon(k\cos(\Omega t) - dx^3(t-\tau) - \alpha_1\dot{x} + \alpha_2 x(t-\tau)) \tag{6.13}$$

其中 $d = \dfrac{1}{3}c$，式(6.13)可以简化为

$$\ddot{x} + a_0\dot{x} - c_0 x(t-\tau) + bx = \varepsilon f(x, x_\tau, \dot{x}, t), \quad 0 < \varepsilon < 1 \tag{6.14}$$

$$f(x, x_\tau, \dot{x}, t) = k\cos(\Omega t) - dx^3(t-\tau) - \alpha_1\dot{x} + \alpha_2 x(t-\tau)$$

将方程(6.14)进行线性化描述：

$$\begin{cases} \dot{y}_1 = y_2 \\ \dot{y}_2 = \varepsilon f(y_1, y_{1\tau}, y_2, t) + c_0 y_1(t-\tau) - a_0 y_2 - by_1 \end{cases} \tag{6.15}$$

其中，$y_1 = x$，$y_{1\tau} = x(t-\tau)$。

6.3.1　简化中心流形

将系统模型(6.3)经尺度变换及线性化后的方程(6.15)转化为泛函微分方程，令 $C = C([-\tau, 0], \mathbf{R}^2)$，$L: C \to \mathbf{R}^2$ 是连续线性算子，$F: \mathbf{R}^2 \to \mathbf{R}^2$ 为非线性平滑算子，$y_t \in C$ 是经过坐标 $y_t(\theta) = y(t+\theta)$ $(-\tau \leqslant \theta \leqslant 0)$ 平移后所得，那么方程(6.15)在 Banach 空间上的紧缩形式为

$$\dot{y}(t) = L(0)y_t + \varepsilon L(\alpha_1, \alpha_2)y_t + \varepsilon F(t, y_{2t}) \tag{6.16}$$

其中，$y = [y_1, y_2]^{\mathrm{T}}$，上标"T"表示转置，则有

$$F(t, y_{2t}) = \begin{bmatrix} 0 \\ k\cos(\Omega t) - dy_{1t}^3(-\tau) \end{bmatrix} \tag{6.17}$$

由于人们关心的是周期解，令 $\phi(\theta) = (\phi_1(\theta), \phi_2(\theta))^{\mathrm{T}} \in C[-\tau, 0]$ 是定义在空间 C 上的函数，由 Riesz 表示定理，线性算子可以表示成如下积分形式：

$$L(0)\phi = \int_{-\tau}^{0} (\mathrm{d}\eta(\theta))\phi(\theta) \tag{6.18}$$

其中

$$\mathrm{d}\eta(\theta) = \begin{bmatrix} 0 & \delta(\theta) \\ -b\delta(\theta) + c_0\delta(\theta+\tau) & -a_0\delta(\theta) \end{bmatrix} \mathrm{d}\theta$$

同理有

$$L(\alpha_1, \alpha_2)\phi = \int_{-\tau}^{0} (\mathrm{d}\eta(\theta, \alpha_1, \alpha_2))\phi(\theta) \tag{6.19}$$

其中

$$\mathrm{d}\eta(\theta, \alpha_1, \alpha_2) = \begin{bmatrix} 0 & 0 \\ \alpha_2\delta(\theta+\tau) & -\alpha_1\delta(\theta) \end{bmatrix} \mathrm{d}\theta$$

假设方程 (6.16) 的线性算子产生的连续半流形无穷生成子 D 的形式如下：

$$D(0)\phi = \begin{cases} \dfrac{\mathrm{d}\phi(\theta)}{\mathrm{d}\theta}, & -\tau \leqslant \theta < 0 \\ L(0)\phi, & \theta = 0 \end{cases} \tag{6.20}$$

且

$$D(\alpha_1, \alpha_2)\phi = \begin{cases} 0, & -\tau \leqslant \theta < 0 \\ L(\alpha_1, \alpha_2)\phi, & \theta = 0 \end{cases} \tag{6.21}$$

则有非线性算子的生成子 R 为

$$R\phi = \begin{cases} 0, & -\tau \leqslant \theta < 0 \\ F(t,\phi), & \theta = 0 \end{cases} \tag{6.22}$$

其中

$$F(t,\phi) = \begin{bmatrix} 0 \\ k\cos(\Omega t) - d\phi_1^3(-\tau) \end{bmatrix}$$

最后可以将方程 (6.16) 转化成如下算子方程：

$$\dot{y}_t = D(0)y_t + \varepsilon D(\alpha_1, \alpha_2)y_t + \varepsilon R y_t \tag{6.23}$$

由 6.2 节的分析可知，当 $\varepsilon = 0$ 并且 $\tau = \tau_0$ 时，特征方程 (6.9) 有一对纯虚根 $\Lambda = \pm \mathrm{i}\omega_0$。所以空间 C 可以分成两个相邻的子空间 $C = P_\Lambda \oplus Q_\Lambda$，其中 P_Λ 是对应于纯虚根的二维特征空间，而 Q_Λ 是 P_Λ 的完备子空间。则 D 的伴随算子 D^* 可以定义如下：

$$D^*(0)\psi = \begin{cases} \dfrac{-\mathrm{d}\psi(s)}{\mathrm{d}s}, & 0 < s \leqslant \tau \\ \displaystyle\int_{-\tau}^{0} \left(\mathrm{d}\eta^{\mathrm{T}}(s)\right)\psi(-s), & s = 0 \end{cases} \tag{6.24}$$

其中，η^{T} 是 η 的转置。对算子 D 和 D^* 进行规范化处理，首先定义如下双线性形式：

$$\langle \psi, \phi \rangle = \bar{\psi}^{\mathrm{T}}(0)\phi(0) - \int_{-\tau}^{0}\int_{0}^{\theta} \bar{\psi}^{\mathrm{T}}(s-\theta)(\mathrm{d}\eta(\theta))\phi(s)\mathrm{d}s \tag{6.25}$$

则算子 D 的 Ponicare 规范化处理首先需要计算与特征值 $\mathrm{i}\omega_0$ 相应的算子 D 的特征向量 q 和与特征值 $-\mathrm{i}\omega_0$ 相应的伴随算子 D^* 的特征向量 q^*，显然以下关系式成立：

$$D(0)q(\theta) = \mathrm{i}\omega_0 q(\theta), \quad D^*(0)q^*(s) = -\mathrm{i}\omega_0 q^*(s) \tag{6.26}$$

进一步计算得到如下结果：

$$q(\theta) = \begin{pmatrix} 1 \\ \mathrm{i}\omega_0 \end{pmatrix} \mathrm{e}^{\mathrm{i}\omega_0\theta}, \quad q^*(s) = N \begin{pmatrix} a_0 - \mathrm{i}\omega_0 \\ 1 \end{pmatrix} \mathrm{e}^{\mathrm{i}\omega_0 s} \tag{6.27}$$

其中

$$N = 1/(l - \mathrm{i}m)$$
$$l = a_0 + c_0\tau_0\cos(\omega_0\tau_0)$$
$$m = 2\omega_0 - \tau c_0\sin(\omega_0\tau_0)$$

则有 $\langle q^*, q \rangle = 1$ 和 $\langle q^*, \bar{q} \rangle = 0$ 成立。由式 (6.26) 和式 (6.27)，可以求出 P_A 及其对偶空间的基向量如下：

$$\Phi(\theta) = (\phi_1, \phi_2)^\mathrm{T} = (\sqrt{2}\,\mathrm{Re}(q(\theta)), \sqrt{2}\,\mathrm{Im}(q(\theta)))$$

以及

$$\Psi(s) = (\psi_1, \psi_2)^\mathrm{T} = (\sqrt{2}\,\mathrm{Re}(q^*(s)), \sqrt{2}\,\mathrm{Im}(q^*(s)))$$

则上述两个基向量矩阵如下：

$$\Phi(\theta) = \sqrt{2} \begin{bmatrix} \cos(\omega_0\theta) & \sin(\omega_0\theta) \\ -\omega_0\sin(\omega_0\theta) & \omega_0\cos(\omega_0\theta) \end{bmatrix}$$

$$\Psi(s) = \frac{\sqrt{2}}{l^2 + m^2} \begin{bmatrix} c_1\cos(\omega_0 s) + c_2\sin(\omega_0 s) & c_1\sin(\omega_0 s) - c_2\cos(\omega_0 s) \\ l\cos(\omega_0 s) - m\sin(\omega_0 s) & l\sin(\omega_0 s) + m\cos(\omega_0 s) \end{bmatrix} \tag{6.28}$$

其中，$c_1 = la_0 + m\omega_0$，$c_2 = l\omega_0 - ma_0$，$\sqrt{2}$ 是规范化因子。

若令

$$v \equiv (v_1, v_2)^\mathrm{T} = \langle \Psi, y_t \rangle$$

则由式 (6.28) 可以将方程的解 y_t 分成两个部分：

$$y_t = y_t^{P_A} + y_t^{Q_A} = \Phi\langle \Psi, \ y_t \rangle + y_t^{Q_A} = \Phi v + y_t^{Q_A} \tag{6.29}$$

其中，Φv 是 y_t 在中心流形上的投影，借助双线性算子 (6.25) 以及式 (6.28)，将式 (6.29) 代入式 (6.23)，则有下述方程成立：

$$\langle \Psi, (\Phi\dot{v} + \dot{y}_t^{Q_A}) \rangle = \langle \Psi, [D(0) + \varepsilon D(\alpha_1, \alpha_2) + \varepsilon Q](\Phi v + y_t^{Q_A}) \rangle \tag{6.30}$$

将式 (6.30) 代入式 (6.29)，则有下面中心流形方程：

$$\langle \Psi, \Phi \rangle \dot{v} = \langle \Psi, D(0)\Phi \rangle v + \varepsilon\langle \Psi, D(\alpha_1, \alpha_2)\Phi \rangle v + \varepsilon\langle \Psi, (\Phi v + y_t^{Q_A}) \rangle$$
$$\Rightarrow \dot{v} = \begin{bmatrix} 0 & \omega_0 \\ -\omega_0 & 0 \end{bmatrix} v + \varepsilon D_\varepsilon v + \varepsilon N_\varepsilon(v) \tag{6.31}$$

其中，D_ε 是 $O(\varepsilon)$ 线性项的系数；$N_\varepsilon(v)$ 是原系统非线性项在中心流形上的表示，有

$$D_\varepsilon = \frac{2}{l^2 + m^2} \begin{bmatrix} l\alpha_2 \cos(\omega_0 \tau_0) & l(-\alpha_1 \omega_0 - \alpha_2 \sin(\omega_0 \tau_0)) \\ m\alpha_2 \cos(\omega_0 \tau_0) & m(-\alpha_1 \omega_0 - \alpha_2 \sin(\omega_0 \tau_0)) \end{bmatrix}$$

$$N_\varepsilon(v) = \frac{\sqrt{2}}{l^2 + m^2} \left[k\cos(\Omega t) - 2\sqrt{2}d(v_1 \cos(\omega_0 \tau_0) - v_2 \sin(\omega_0 \tau_0))^3 \right] \begin{pmatrix} l \\ m \end{pmatrix} \tag{6.32}$$

从式 (6.32) 可以看出，$N_\varepsilon(v)$ 与非线性函数 $\langle \Psi, F(t, \Phi v + y_t^{Q_A}) \rangle$ 的立方项有关，所以忽略高阶项 $y_t^{Q_A}$。

通过上述过程的推导，获得了系统在外部周期激励影响下中心流形方程，即式 (6.31)，为了讨论系统模型的 Hopf 分岔，需要将式 (6.31) 进行平均化，下面进一步讨论平均化过程。

6.3.2　平均方程

对 v 采用极坐标表示，有

$$v = (r\cos(\omega_0 t + \theta), -r\sin(\omega_0 t + \theta))^{\mathrm{T}} \tag{6.33}$$

其中，r、θ 是常数，分别代表相应于临界点 $a = a_0$ 和 $c = c_0$ 时的振幅和初始相位；ω_0 是振动频率，若外部激励项是弱激励，则可以将外部激励的振动频率考虑为

$$\Omega = \omega_0 + \varepsilon\sigma \tag{6.34}$$

其中，σ 是很小的外部亚谐参数。为了获得方程 (6.31) 的周期解，令 r、θ 是慢变的时间函数，将式 (6.33) 和式 (6.34) 代入式 (6.31) 再运用平均法，则可以将变量 v 转变成新的变量 r 和 Θ 形式：

$$\dot{r} = (a_{11} + a_{12}r^2)r + b_1\cos\Theta + b_2\sin\Theta$$

$$\dot{\Theta} = \sigma + a_{21} + a_{22}r^2 - \frac{b_1}{r}\sin\Theta + \frac{b_2}{r}\cos\Theta \tag{6.35}$$

其中

$$r = r(t)$$
$$\Theta = \Theta(t) = \sigma\varepsilon t - \theta(t)$$
$$(\cdot)' = \mathrm{d}(\cdot)/\mathrm{d}(\varepsilon t)$$

并且

$$a_{11} = \frac{-m\omega_0\alpha_1 + (l\cos(\omega_0\tau) - m\sin(\omega_0\tau))\alpha_2}{l^2 + m^2}$$

$$a_{12} = \frac{-3dl\cos(\omega_0\tau) + 3dm\sin(\omega_0\tau)}{2(l^2 + m^2)}$$

$$b_1 = \frac{kl}{\sqrt{2}(l^2 + m^2)}, \quad b_2 = \frac{km}{\sqrt{2}(l^2 + m^2)}$$

$$a_{21} = \frac{l\omega_0\alpha_1 + (m\cos(\omega_0\tau) + l\sin(\omega_0\tau))\alpha_2}{l^2 + m^2} \tag{6.36}$$

$$a_{22} = \frac{-3dl\sin(\omega_0\tau) - 3dm\cos(\omega_0\tau)}{2(l^2 + m^2)}$$

其一阶近似解可以表示为

$$x(t) = y_1(t) = y_{1t}(0) = \sqrt{2}v_1 + O(\varepsilon) = \sqrt{2}r\cos(\Omega t - \Theta) + O(\varepsilon) \tag{6.37}$$

其中，r 和 Θ 是方程(6.35)的解。

通过引入振幅和相位，采用平均法的思想将原来中心流形的二维坐标 v 改写为用振幅 r 和相位 Θ 描述的平均方程(6.35)，并且获得了该方程的一阶近似解(6.37)。

6.3.3 分岔周期解的稳定性与方向分析

利用平衡点的稳定性分析理论，通过分析平均之后系统模型(6.35)的雅可比矩阵来判断系统分岔周期解及其方向，易知系统的稳定状态解通常发生在 $\dot{r} = 0$ 和 $\dot{\Theta} = 0$ 的时刻，所以方程(6.35)的平衡点应该满足：

$$-(a_{11} + a_{12}r^2)r = b_1\cos\Theta + b_2\sin\Theta$$
$$-(\sigma + a_{21})r - a_{22}r^3 = -b_1\sin\Theta + b_2\cos\Theta \tag{6.38}$$

消去 Θ，可以得到带有 σ、α_1、α_2、τ 和 d 的分岔方程：

$$E(r^2) = b_1^2 + b_2^2 \tag{6.39}$$

令 $s = r^2$，于是有

$$E(s) = (a_{12}^2 + a_{22}^2)s^3 + 2[a_{11}a_{12} + a_{22}(\sigma + a_{21})]s^2 + [a_{11}^2 + (\sigma + a_{21})^2]s \tag{6.40}$$

由式(6.38)可得其雅可比矩阵的形式如下：

$$J(r) = \begin{bmatrix} (\sigma + a_{21}) + a_{22}r^2 & -(a_{11} + 3a_{12}r^2)/r \\ (a_{11} + a_{12}r^2)r & (\sigma + a_{21}) + 3a_{22}r^2 \end{bmatrix} \tag{6.41}$$

在分岔理论中，解的稳定性是由系统的雅可比矩阵特征值分析得到的，所以首先计算得到式(6.41)的特征方程为

$$\lambda^2 + 2e_1\lambda + e_2 = 0 \tag{6.42}$$

其中

$$e_1 = -(\sigma + a_{21}) - 2a_{22}r^2$$

$$e_2 = (\sigma + a_{21})^2 + 4a_{22}r^2(\sigma + a_{21}) + 3a_{22}{}^2r^4 + a_{11}{}^2 + 4a_{11}a_{12}r^2 + 3a_{12}{}^2r^4$$

因此可以由式(6.42)推出：当且仅当 $e_1 > 0$ 并且 $e_2 > 0$ 时，特征方程的根具有负实部，系统模型(6.35)是渐近稳定的；如果 $e_1 > 0$ 并且 $e_2 = 0$，则特征方程必然有一根为零，即 $\lambda_1 = 0$，这种情况所产生的分岔是鞍结分岔；当 $e_1 = 0$ 并且 $e_2 > 0$ 时，特征方程有一对纯虚根，此时会出现 Hopf 分岔，本章只讨论 Hopf 分岔的情况。

通过上述对平均方程雅可比矩阵的特征方程的根进行分析，得到了 e_1、e_2 在满足不同条件时系统的近似解析方程解的稳定性以及Hopf分岔出现的临界点。

6.4 数 值 仿 真

本节通过实验仿真验证上述理论分析结果。考察系统模型(6.3)在参数为 $a = 0.4$、$b = 0.5$、$c = 0.6$、$k = 0.15$ 时的情况，根据微分方程线性理论，由式(6.12)可以计算出系统线性固有频率为 $\omega_0 = 0.2874$。如图 6.1 所示，将由方程(6.3)所得的数值仿真结果与基于方程(6.37)的解析结果进行比较(其中数值积分的仿真用实线描述，解析结果用虚线表示)，可以发现二者具有较好的吻合性，图 6.1 对应的三个子图的时滞(τ)分别是1.5、3.366和5，这种结果表明本章所采用的解析方法可以较准确地预测此系统的周期运动。

进一步用时滞做控制参数，由式(6.40)绘制图 6.2，通过分析方程(6.42)，可以得出当时滞穿过点 A(临界点)时，系统将变得不再稳定，图中不稳定周期解区域用虚线描述，而稳定周期解部分用实线描绘。图 6.2 中的两个子图分别对应的是 $k = 0.15$ 和 $k = 0.05$ 的两种情况，其余参数相同。

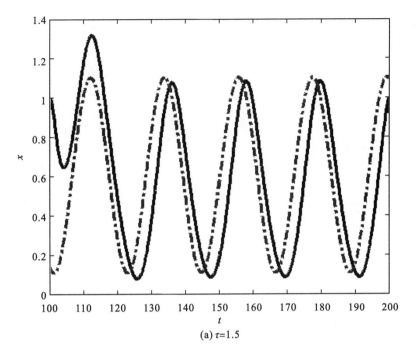

(a) $\tau=1.5$

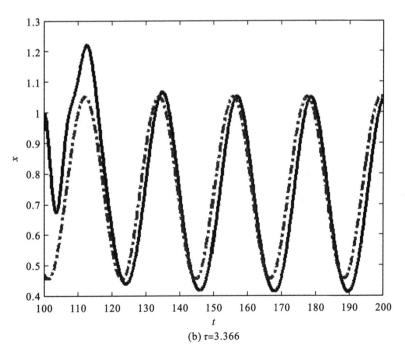

(b) $\tau=3.366$

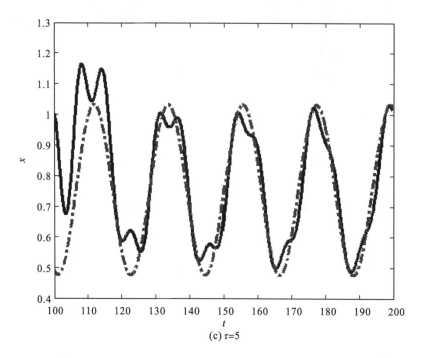

(c) $\tau=5$

图 6.1　方程(6.3)的数值解和方程(6.37)近似解析解的结果比较[14]

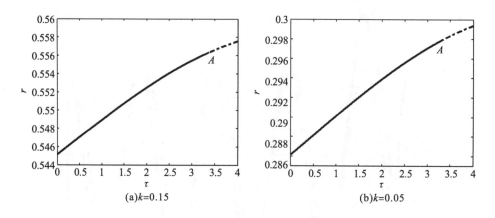

(a)$k=0.15$　　　　　　　　　　　　　　(b)$k=0.05$

图 6.2　不同外部激励振幅下的周期解的振幅响应曲线[14]

　　在 $k=0.15$ 且其他参数不变的条件下,通过绘制系统模型(6.3)在不同时滞下的波形图、相图以及功率谱图,如图 6.3～图 6.6 所示,证实了图 6.2 中所获得的结果,同时得到了系统模型(6.3)从稳定进入混沌的历程。从图 6.3 的相图可知,其中的封闭曲线表明在 $\tau=1.5$ 时是一个周期运动,并且由对应的功率谱图可知,频率的分布表明它们之间是具有公约数的,因此在当前时滞下是一个稳定的状态。当穿过临界点 $\tau = 3.366$ 后，由图 6.5 可以看出系统将失去稳定性，进入一个拟周期运动，相图表现出混乱的状态，而由对应的功率谱图可见所有的频率没有公约数。依据图 6.6 的结果可见，此时在 $\tau = 25$ 时，对应系统模型(6.3)的波形图和相图没有规律，并且功率谱图的频率表现出不规则而且混乱，说明此时系统正经历混沌状态。

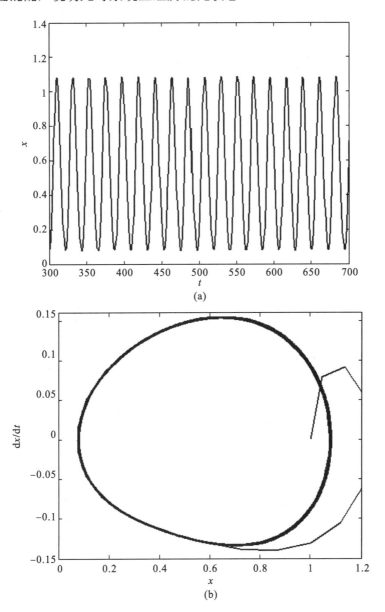

(a)

(b)

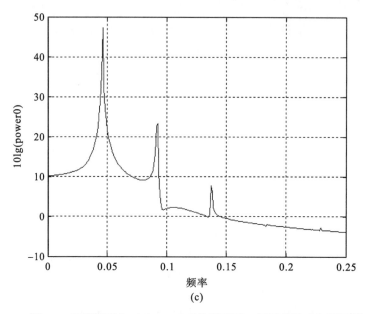

(c)

图 6.3 系统模型 (6.3) 在 $\tau=1.5$ 时的波形图、相图以及功率谱图[14]

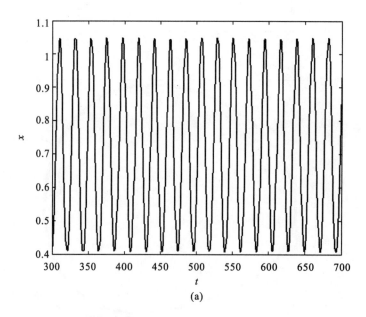

(a)

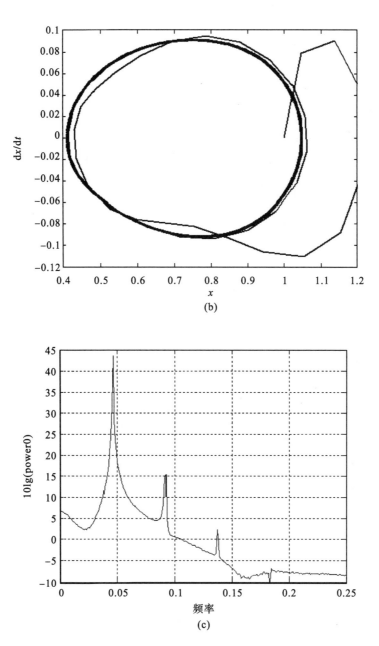

(b)

(c)

图 6.4　系统模型 (6.3) 在 $\tau = 3.366$ 时的波形图、相图以及功率谱图[14]

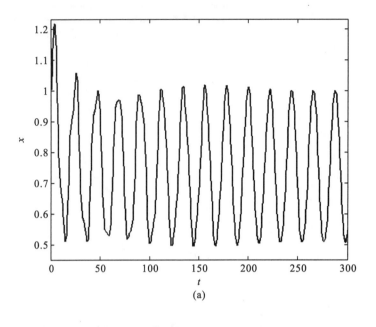

(a)

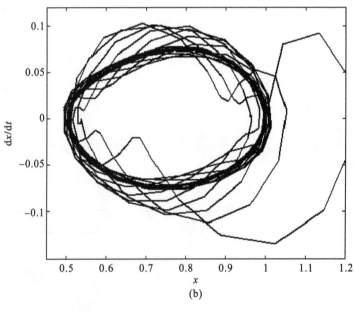

(b)

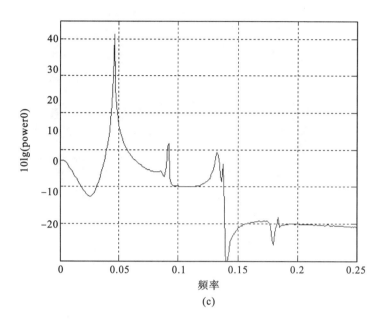

(c)

图 6.5　系统模型(6.3)在 $\tau = 5$ 时的拟周期运动的波形图、相图以及功率谱图[14]

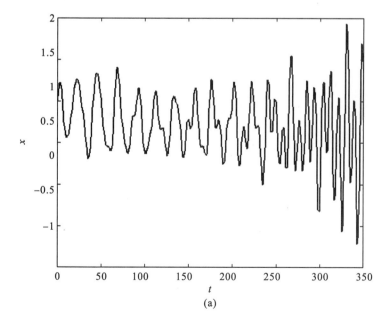

(a)

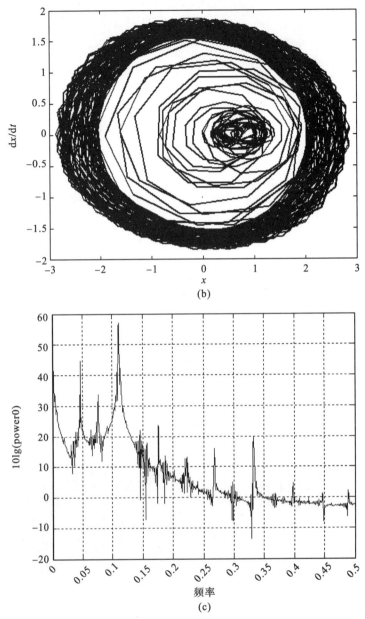

图 6.6　系统模型 (6.3) 在 $\tau = 25$ 时混沌运动的波形图、相图以及功率谱图[14]

6.5　本章小结

从生物学的角度来看，神经元受外部周期激励的影响是非常频繁的[8, 15]，在外部周期激励环境中，会产生不同于以往情况下的动力学行为，但是对这种条件下的模型进行分析，如果还是采用经典的 Hassard 理论，那么结果是无效的。为了能够更好地分析其动力学现象，从而控制系统在周期激励环境中的行为，寻求一种新的方法是十分必要的。本章采用振动力学中的摄动技术并结合时滞微分方程的线性理论，用近似解析法首先获得系统模型(6.3)的中心流形，然后采用平均法思想获得系统 Hopf 分岔方程，通过分析方程的雅可比矩阵得到 Hopf 分岔周期解的稳定性和临界点。数值模拟仿真结果证明，本书的理论分析方法是有效的，只是该近似解析方法的弱点表现在系统是弱的非线性项时结果的准确性才比较好，对于神经网络系统，一般都是弱非线性项，因此本章方法具有实际可行的意义。

参 考 文 献

[1] Xu J, Chung K W. Effects of time delayed position feedback on a van der Pol-Duffing oscillator[J]. Physica D: Nonlinear Phenomena, 2003, 180(1): 17-39.

[2] Ji J C, Hansen C H, Li X. Effect of external excitations on a nonlinear system with time delay[J]. Nonlinear Dynamics, 2005, 41(4): 385-402.

[3] Ji J C, Hansen C H. Hopf bifurcation of a magnetic bearing system with time delay[J]. Journal of Vibration and Acoustics, 2005, 127(4): 362-369.

[4] Ji J C, Hansen C H. Stability and dynamics of a controlled van der Pol-Duffing oscillator[J]. Chaos, Solitons & Fractals, 2006, 28(2): 555-570.

[5] Ji J C, Zhang N. Additive resonances of a controlled van der Pol-Duffing oscillator[J]. Journal of Sound and Vibration, 2008, 315(1-2): 22-33.

[6] Xu J, Yu P. Delay-induced bifurcations in a nonautonomous system with delayed velocity feedbacks[J]. International Journal of Bifurcation and Chaos, 2004, 14(8): 2777-2798.

[7] 徐鉴, 陆启韶. 非自治时滞反馈控制系统的周期解分岔和混沌[J]. 力学学报, 2003, 35(4): 443-451.

[8] Gray C M, König P, Engel A K, et al. Oscillatory responses in cat visual cortex exhibit inter-columnar synchronization which reflects global stimulus properties[J]. Nature, 1989, 338(6213): 334-337.

[9] Gopalsamy K, Sariyasa. Time delays and stimulus-dependent pattern formation in periodic environments in isolated neurons[J]. IEEE Transactions on Neural Networks, 2002, 13(3): 551-563.

[10] Huang C X, He Y G, Huang L H. New results on network of neurons with delayed feedback: periodical switching of excitation and inhibition[J]. Physics Letters A, 2007, 366(3): 190-194.

[11] Hassard B D, Kazarinoff N D, Wan Y H. Theory and Applications of Hopf Bifurcation[M]. Cambridge: Cambridge University Press, 1981.

[12] Nayfeh A H, Mook D T. Nonlinear Oscillations[M]. New York: John Wiley & Sons, 2008.

[13] Babcock K L, Westervelt R M. Dynamics of simple electronic neural networks with added inertia[J]. Physica D: Nonlinear Phenomena, 1986, 23(1-3): 464-469.

[14] Liu Q, Liao X F, Guo S T, et al. Stability of bifurcating periodic solutions for a single delayed inertial neuron model under periodic excitation[J]. Nonlinear Analysis: Real World Applications, 2009, 10(4): 2384-2395.

[15] Bondarenko V E. Self-organization processes in chaotic neural networks under external periodic force[J]. International Journal of Bifurcation & Chaos, 1997, 7(8): 1887-1895.

第7章 外部周期激励下两个时滞神经元系统的动力学行为分析

7.1 带外部周期激励的两个时滞神经元系统模型描述

第 6 章研究了带有惯性项的单个神经元系统在外部周期激励下的动力学行为。本章讨论 Hopfield 类型的两个主神经元受周期变化环境影响下的动力学行为，同时考虑时滞对它产生的效果，研究的系统模型如下：

$$\begin{cases} \dot{x}_1 = -a_1 x_1 + b_1 \tanh\left(x_2(t-\tau)\right) + k_1 \cos(\Omega_1 t) \\ \dot{x}_2 = -a_2 x_2 + b_2 \tanh\left(x_1(t-\tau)\right) + k_2 \cos(\Omega_2 t) \end{cases} \tag{7.1}$$

为了讨论方便，本章只讨论上述模型在 $k_1 = k_2$、$\Omega_1 = \Omega_2$ 下的情况，因此上述系统模型可改写如下：

$$\begin{cases} \dot{x}_1 = -a_1 x_1 + b_1 \tanh\left(x_2(t-\tau)\right) + k \cos(\Omega t) \\ \dot{x}_2 = -a_2 x_2 + b_2 \tanh\left(x_1(t-\tau)\right) + k \cos(\Omega t) \end{cases} \tag{7.2}$$

其中，k 为外部周期激励函数的振幅，Ω 为外部周期激励函数的频率，神经元与外部神经元之间的耦合激活函数由双曲正切函数实现，该模型又称 Gopalsamy 神经网络。Gopalsamy 只对单个神经元的该类模型在离散时滞、分布时滞以及周期时变时滞条件下进行了一些稳定性的分析[1]，他所分析的模型如下：

$$\dot{x}(t) = -a(t)x(t) + b(t)\tanh(x(t-\tau)) + f(t) \tag{7.3}$$

而在文献[2]中作者对模型 (7.3) 在周期时变时滞条件下的周期解的存在性以及全局稳定性进行了讨论，获得了比 Gopalsamy 更加宽松的稳定性条件。上述文献都只考虑了全局稳定性的情况，并没有讨论其动力学行为中的分岔和混沌，而了解 Hopf 分岔和混沌能使人们对小规模网络的参数敏感性进行解释，所以对应用性极强的系统模型 (7.2) 的研究具有实际的意义和价值。

本章的主要工作是分析系统模型 (7.2) 在以时滞作为控制参数的情况下，由稳定到拟周期再到混沌的整个动力学运动历程。采用的方法首先是分析对应系统线性部分特征方程的根的情况，判断其平衡点的局部稳定性和 Hopf 分岔存在的情况，其次利用正规型理论获得中心流形，最后利用摄动技术的平均法获得分岔方程，从而讨论稳定周期解的范围和分岔方向。

7.2 对应自治系统的局部稳定性分析以及 Hopf 分岔存在性

根据常微分方程的线性理论, 一个自治系统零解的稳定区域对应于相应非自治系统的周期解区域, 由文献[3]可知, 该自治系统的不动点出现在 $x_1 = x_2 = 0$ 处附近。因此, 对系统模型 (7.2) 的研究首先从缺少外部激励的情况下开始, 这样系统模型 (7.2) 可以重新改写为

$$\begin{cases} \dot{x}_1 = -a_1 x_1 + b_1 \tanh\left(x_2(t-\tau)\right) \\ \dot{x}_2 = -a_2 x_2 + b_2 \tanh\left(x_1(t-\tau)\right) \end{cases} \tag{7.4}$$

显然系统中双曲正切激活函数在原点附近具有 n 阶连续导数，为方便讨论，将双曲正切函数在原点处进行泰勒级数展开，则系统模型 (7.4) 的近似形式如下：

$$\begin{cases} \dot{x}_1 = -a_1 x_1 + b_1\left(x_2(t-\tau) - \dfrac{1}{3}x_2^3(t-\tau)\right) + O(x_2^5(t-\tau)) \\ \dot{x}_2 = -a_2 x_2 + b_2\left(x_1(t-\tau) - \dfrac{1}{3}x_1^3(t-\tau)\right) + O(x_1^5(t-\tau)) \end{cases} \tag{7.5}$$

上述方程可以进一步写成标准的向量紧缩形式：

$$\dot{X}(t) = L_0 X(t) + R_0 X(t-\tau) + R_\alpha X^3(t-\tau) + F(X^5(t-\tau)) \tag{7.6}$$

其中

$$L_0 = \begin{bmatrix} -a_1 & 0 \\ 0 & -a_2 \end{bmatrix}, \quad R_0 = \begin{bmatrix} 0 & b_1 \\ b_2 & 0 \end{bmatrix}$$

$$R_\alpha = \begin{bmatrix} 0 & -\dfrac{1}{3}b_1 \\ -\dfrac{1}{3}b_2 & 0 \end{bmatrix}, \quad F(X^5(t-\tau)) = \begin{bmatrix} 0 & O(x^5(t-\tau)) \\ O(x^5(t-\tau)) & 0 \end{bmatrix}$$

忽略高阶非线性项，系统模型 (7.6) 的近似形式为

$$\dot{X}(t) = L_0 X(t) + R_0 X(t-\tau) + R_\alpha X^3(t-\tau) \tag{7.7}$$

考察上述方程线性部分的特征方程，将通解 $X(t) = C \exp(\lambda t)$ 代入，则特征方程如下：

$$F_1(\lambda) = \det(\lambda I - L_0 - R_0 e^{-\lambda\tau})$$
$$= \lambda^2 + (a_1 + a_2)\lambda - b_1 b_2 e^{-2\lambda\tau} + a_1 a_2 = 0 \tag{7.8}$$

其中，系数 $a_1, a_2, b_1, b_2 > 0$，令 $\lambda = u + iv(u, v \in \mathbf{R})$，同时将特征方程的实部与虚部分开，有

$$\begin{cases} u^2 - v^2 + (a_1 + a_2)u + a_1 a_2 - b_1 b_2 e^{-2\lambda u}\cos(2v\tau) = 0 \\ 2uv + (a_1 + a_2)v + b_1 b_2 e^{-2\tau u}\sin(2v\tau) = 0 \end{cases} \tag{7.9}$$

假设存在时滞 τ_0 使得 $u(\tau_0) = 0$ 并且 $v(\tau_0) = \omega_0$，则方程(7.9)可以简化为

$$\begin{cases} -\omega_0^2 + a_1 a_2 - b_1 b_2 \cos(2\omega_0\tau_0) = 0 \\ (a_1 + a_2)\omega_0 + b_1 b_2 \sin(2\omega_0\tau_0) = 0 \end{cases} \tag{7.10}$$

将实部和虚部分别平方后相加可得式(7.11)，并由此可以推导出引理 7.1。

$$\omega_0^4 + a_1^2 a_2^2 - b_1^2 b_2^2 + \omega_0^2(a_1^2 + a_2^2) = 0 \tag{7.11}$$

引理 7.1　若 $|b_1 b_2| \geqslant |a_1 a_2|$ 成立，则方程(6.12)在 $\tau = \tau_0$ 时，有一对纯虚根 $\pm i\omega_0$，其中

$$\omega_0 = \pm\sqrt{\frac{-(a_1^2 + a_2^2) + \sqrt{(a_1^2 - a_2^2)^2 + 4b_1^2 b_2^2}}{2}}$$

$$\tau_0 = \frac{1}{2\omega_0}\left[\arccos\left(\frac{-\omega_0^2 + a_1 a_2}{b_1 b_2}\right) + 2n\pi\right], \quad n = 0, 1, \cdots \tag{7.12}$$

引理 7.2　假设引理 7.1 中所有条件满足，则同时也满足横截性条件 $\mathrm{Re}\left(\dfrac{\mathrm{d}\lambda}{\mathrm{d}\tau}\right)\bigg|_{\tau=\tau_0} \neq 0$。

证明　以时滞作为分岔参数，进一步对特征方程中的 λ 按 τ 求导，于是有

$$2\lambda\lambda' + (a_1 + a_2)\lambda' + 2\lambda b_1 b_2 e^{-2\lambda\tau} + 2\tau b_1 b_2 \lambda' e^{-2\lambda\tau} = 0$$

则

$$\frac{\mathrm{d}\lambda}{\mathrm{d}\tau}\bigg|_{\tau=\tau_0} = \frac{-2\lambda b_1 b_2 e^{-2\lambda\tau}}{2\lambda + (a_1 + a_2) + 2\tau b_1 b_2 e^{-2\lambda\tau}}$$

$$= \frac{(-2\omega_0 b_1 b_2 \sin(2\omega_0\tau_0) - 2i\omega_0 b_1 b_2 \cos(2\omega_0\tau_0))(a_1 + a_2 + 2\tau_0 b_1 b_2 \cos(2\omega_0\tau_0))}{(a_1 + a_2 + 2\tau_0 b_1 b_2 \cos(2\omega_0\tau_0))^2 + (2\tau_0 b_1 b_2 \sin(2\omega_0\tau_0) - 2\omega_0)^2}$$

$$+ \frac{i(2\tau_0 b_1 b_2 \sin(2\omega_0\tau_0) - 2\omega_0))}{(a_1 + a_2 + 2\tau_0 b_1 b_2 \cos(2\omega_0\tau_0))^2 + (2\tau_0 b_1 b_2 \sin(2\omega_0\tau_0) - 2\omega_0)^2}$$

对上式取其实部有

$$\mathrm{Re}\left(\frac{\mathrm{d}\lambda}{\mathrm{d}\tau}\right)\bigg|_{\tau=\tau_0} = G^{-1}\left[2\omega_0^2(a_1+a_2)^2 + 4\omega_0^2(a_1a_2-\omega_0^2)\right] > 0$$

其中，$G = (a_1+a_2+2\tau_0 b_1 b_2 \cos(2\omega_0\tau_0))^2 + (2\tau_0 b_1 b_2 \sin(2\omega_0\tau_0) - 2\omega_0)^2$ 是正数。
证毕。

定理 7.1　对系统模型 (7.5)，若 $b_1 b_2 \geqslant a_1 a_2$，则由引理 7.1 和引理 7.2 可知其零解在 $\tau \in [0,\tau_0)$ 范围内是渐近稳定的，当 $\tau > \tau_0$ 时是不稳定的，系统模型 (7.4) 在 $\tau = \tau_0$ 附近将出现 Hopf 分岔，也就是说系统模型 (7.4) 在 $\tau = \tau_0$ 处的解将出现分岔。

7.3　分岔周期解的稳定性和方向

本节采用文献[4]和[5]中的正规型理论和平均法考虑系统模型 (7.2) 在时滞 τ_0 处分岔周期解的方向和稳定性。为讨论方便，忽略双曲正切函数展开后的高阶项，则系统模型 (7.2) 可以近似为

$$\begin{cases} \dot{x}_1(t) = -a_1 x_1(t) + b_1 x_2(t-\tau) - \dfrac{b_1}{3} x_2^3(t-\tau) + k\cos(\Omega t) \\ \dot{x}_2(t) = -a_2 x_2(t) + b_2 x_1(t-\tau) - \dfrac{b_2}{3} x_1^3(t-\tau) + k\cos(\Omega t) \end{cases} \tag{7.13}$$

7.3.1　简化中心流形

众所周知，在没有外部周期激励下的一组微分方程的周期解以及稳定性分析惯常采用的分析手段是文献[6]中介绍的正规型理论和中心流形定理，但是对于系统模型 (7.13)，该方法已经不再有效，因此采用近似解析法来获得系统模型 (7.13) 的中心流形。为便于时滞微分方程后续的简化工作，首先将系统模型 (7.13) 改写成向量紧缩形式：

$$\dot{Y}(t) = L_0 Y(t) + L_1 Y(t-\tau) + F(Y(t-\tau)) \tag{7.14}$$

其中，$Y = [x_1, x_2]^{\mathrm{T}}$；$Y(t-\tau) = [x_1(t-\tau), x_2(t-\tau)]^{\mathrm{T}}$；上标 "T" 表示转置。

$$L_0 = \begin{bmatrix} -a_1 & 0 \\ 0 & -a_2 \end{bmatrix}, \quad L_1 = \begin{bmatrix} 0 & b_1 \\ b_2 & 0 \end{bmatrix}, \quad F = \begin{bmatrix} k\cos(\Omega t) - \dfrac{b_1}{3} x_2^3(t-\tau) \\ k\cos(\Omega t) - \dfrac{b_2}{3} x_1^3(t-\tau) \end{bmatrix}$$

令 $B = C([-\tau,0], \mathbf{R}^2)$，$L: B \to \mathbf{R}^2$ 是连续线性算子，$F: \mathbf{R}^2 \to \mathbf{R}^2$ 是非线性平滑算子，同时令 $Y_t \in B$ 是 $Y_t(\theta) = Y(t+\theta)$ 经过 $\theta \in [-\tau,0]$ 平移后所得向量。令空间 B 上的一个给定函数 $\phi(\theta) = (\phi_1(\theta), \phi_2(\theta))^{\mathrm{T}} \in C[-\tau,0]$，定义算子如下：

$$L\phi = \begin{bmatrix} -a_1 & 0 \\ 0 & -a_2 \end{bmatrix} \phi(0) + \begin{bmatrix} 0 & b_1 \\ b_2 & 0 \end{bmatrix} \phi(-\tau)$$

由 Riesz 表示定理，上述线性算子可以表示为以下积分形式：

$$L\phi = \int_{-\tau}^{0} \big(\mathrm{d}\eta(\theta)\big) \phi(\theta) \tag{7.15}$$

其中，$\eta: [-\tau,0] \to \mathbf{R}^2$ 是一个有界变差函数，它在区间 $[-\tau,0)$ 是连续的，该函数在 L 中的定义如下：

$$\eta(\theta) = \begin{bmatrix} -a_1 & 0 \\ 0 & -a_2 \end{bmatrix} \delta(\theta) + \begin{bmatrix} 0 & b_1 \\ b_2 & 0 \end{bmatrix} \delta(\theta+\tau)$$

于是由该线性算子所生成的连续半流形的无穷生成子 D 如下：

$$D(0)\phi = \begin{cases} \dfrac{\mathrm{d}\phi(\theta)}{\mathrm{d}\theta}, & -\tau \leqslant \theta < 0 \\ L(0)\phi, & \theta = 0 \end{cases} \tag{7.16}$$

进一步定义由非线性算子部分所产生的无穷生成子 R：

$$R\phi = \begin{cases} 0, & -\tau \leqslant \theta < 0 \\ F(t,\phi), & \theta = 0 \end{cases}$$

其中

$$F(t,\phi) = \begin{bmatrix} k\cos(\Omega t) - \dfrac{b_1}{3}\phi_2^3(-\tau) \\[2mm] k\cos(\Omega t) - \dfrac{b_2}{3}\phi_1^3(-\tau) \end{bmatrix}$$

然后将方程 (7.14) 描述成算子方程：

$$\dot{y}_t = D(0)y_t + Ry_t \tag{7.17}$$

由 7.2 节的讨论可知，当 $\tau = \tau_0$ 时有一对纯虚根 $\Lambda = \pm \mathrm{i}\omega_0$，所以空间 B 可以分成两个相邻的子空间 $B = P_\Lambda + Q_\Lambda$，其中 P_Λ 是与纯虚根 Λ 相关的生成子 D 的二维特征空间，而 Q_Λ 是与具有负实部的特征值相关的完备子空间。

令 $B^1 = C([0,\tau], \mathbf{R}^2)$，并且 ψ 是 D 的伴随算子 D^* 的特征函数：

$$D^*(0)\psi = \begin{cases} \dfrac{-\mathrm{d}\psi(s)}{\mathrm{d}s}, & 0 < s \leqslant \tau \\[2mm] \displaystyle\int_{-\tau}^{0} \big(\mathrm{d}\eta^{\mathrm{T}}(s)\big)\psi(-s), & s = 0 \end{cases} \tag{7.18}$$

其中，η^{T} 是矩阵 η 的转置。为了对算子 D 与伴随算子 D^* 的特征向量进行规范化，定义如下双线性形式：

$$\langle \psi, \phi \rangle = \bar{\psi}^{\mathrm{T}}(0)\phi(0) - \int_{-\tau}^{0}\int_{0}^{\theta} \bar{\psi}^{\mathrm{T}}(s-\theta)(\mathrm{d}\eta(\theta))\phi(s)\mathrm{d}s \tag{7.19}$$

为了确定算子 D 的庞加莱正规型，首先要计算出对应于特征根 $\mathrm{i}\omega_0\tau_0$ 的 D 的特征向量 q 以及对应于特征根 $-\mathrm{i}\omega_0\tau_0$ 的 D^* 的特征向量 q^*。容易知道 $D(0)q(\theta) = \mathrm{i}\omega_0 q(\theta)$，$D^*(0)q^*(s) = -\mathrm{i}\omega_0 q^*(s)$，所以令 $q(\theta) = \begin{pmatrix} 1 \\ \alpha_1 \end{pmatrix} e^{\mathrm{i}\omega_0\theta}$，直接计算得到

$$q(\theta) = \begin{pmatrix} 1 \\ \dfrac{(\mathrm{i}\omega_0 + a_1)e^{\mathrm{i}\omega_0\tau_0}}{b_1} \end{pmatrix} e^{\mathrm{i}\omega_0\theta} \tag{7.20}$$

再令

$$q^*(s) = \rho \begin{pmatrix} 1 \\ \beta_1 \end{pmatrix} e^{\mathrm{i}\omega_0 s}$$

直接计算得到

$$q^*(s) = \rho \begin{pmatrix} 1 \\ \dfrac{(-\mathrm{i}\omega_0 + a_1)e^{\mathrm{i}\omega_0\tau_0}}{b_2} \end{pmatrix} e^{\mathrm{i}\omega_0 s} \tag{7.21}$$

其中

$$\rho = \frac{b_1 b_2}{l - \mathrm{i}m}$$

$$l = b_1 b_2 + a_1^2 - \omega_0^2 + 2\tau_0 b_1 b_2 (a_1 \cos^2(\omega_0\tau_0) + \omega_0 \sin(\omega_0\tau_0)\cos(\omega_0\tau_0))$$

$$m = 2\left[\omega_0 a_1 - \tau_0 b_1 b_2 (a_1 \sin(\omega_0\tau_0)\cos(\omega_0\tau_0) - \omega_0 \cos^2(\omega_0\tau_0))\right]$$

由式 (7.20) 和式 (7.21)，可以获得 P_A 及其对偶空间的标准实数基如下：

$$\Phi(\theta) = (\phi_1, \phi_2)^{\mathrm{T}} = (\sqrt{2}\,\mathrm{Re}(q(\theta)), \sqrt{2}\,\mathrm{Im}(q(\theta)))$$

$$\Psi(s) = (\psi_1, \psi_2)^{\mathrm{T}} = (\sqrt{2}\,\mathrm{Re}(q^*(s)), \sqrt{2}\,\mathrm{Im}(q^*(s)))$$

其中 $\sqrt{2}$ 用于更好地规范化。于是特征空间 P_A 的标准实数基解为

$$\Phi(\theta) = \sqrt{2}\left[\begin{array}{cc} \cos(\omega_0\theta) & \sin(\omega_0\theta) \\ \dfrac{a_1\cos(\omega_0(\theta+\tau_0)) - \omega\sin(\omega_0(\theta+\tau_0))}{b_1} & \dfrac{a_1\sin(\omega_0(\theta+\tau_0)) + \omega_0\cos(\omega_0(\theta+\tau_0))}{b_1} \end{array}\right]$$

$$\tag{7.22}$$

其对偶空间 B^1 的标准实数基解为

$$\Psi(s) = \frac{\sqrt{2}b_1 b_2}{l^2 + m^2} \begin{bmatrix} l\cos(\omega_0 s) - m\sin(\omega_0 s) & l\sin(\omega_0 s) + m\cos(\omega_0 s) \\ \dfrac{c_1\cos(\omega_0(\tau_0 + s)) - c_2\sin(\omega_0(\tau_0 + s))}{b_2} & \dfrac{c_1\sin(\omega_0(\tau_0 + s)) + c_2\cos(\omega_0(\tau_0 + s))}{b_2} \end{bmatrix}$$

(7.23)

其中，$c_1 = la_1 + m\omega_0$，$c_2 = ma_1 - l\omega_0$。

由中心流形定理可知系统模型(7.14)在空间 B 中解的轨道由稳定和中心流形两部分组成。于是定义中心流形 $v \equiv (v_1, v_2)^{\mathrm{T}} = \langle \Psi, y_t \rangle$，同时借助式(7.22)和式(7.23)有

$$y_t = y_t^{P_\Lambda} + y_t^{Q_\Lambda} = \Phi\langle \Psi, y_t \rangle + y_t^{Q_\Lambda} = \Phi v + y_t^{Q_\Lambda} \tag{7.24}$$

其中，Φv 代表中心流形。利用双线性形式，即式(7.19)，将方程(7.24)代入方程(7.17)得

$$\langle \Psi, (\Phi\dot{v} + \dot{y}_t^{Q_\Lambda}) \rangle = \langle \Psi, [D(0) + Q](\Phi v + y_t^{Q_\Lambda}) \rangle$$

进一步化简可以得到方程中心流形上所满足的动力学方程：

$$\langle \Psi, \Phi \rangle \dot{v} = \langle \Psi, D(0)\Phi \rangle v + \langle \Psi, (\Phi v + y_t^{Q_\Lambda}) \rangle$$

$$\Rightarrow \dot{v} = \begin{bmatrix} 0 & \omega_0 \\ -\omega_0 & 0 \end{bmatrix} v + N_\varepsilon(v) \tag{7.25}$$

其中，$N_\varepsilon(v)$ 是由原系统的非线性项对中心流形的贡献，其值为

$$N_\varepsilon = \frac{\sqrt{2}b_1 b_2}{l^2 + m^2}$$

$$\cdot \begin{bmatrix} l\left[k\cos(\Omega t) - \dfrac{2\sqrt{2}b_1}{3}\left(\dfrac{a_1 v_1}{b_1} + \dfrac{\omega_0 v_2}{b_1}\right)^3 \right] + \dfrac{c_1\cos(\omega_0\tau_0) - c_2\sin(\omega_0\tau_0)}{b_2}\left[k\cos(\Omega t) - \dfrac{2\sqrt{2}b_2}{3}(v_1\cos(\omega_0\tau_0) - v_2\sin(\omega_0\tau_0))^3 \right] \\ m\left[k\cos(\Omega t) - \dfrac{2\sqrt{2}b_1}{3}\left(\dfrac{a_1 v_1}{b_1} + \dfrac{\omega_0 v_2}{b_1}\right)^3 \right] + \dfrac{c_1\sin(\omega_0\tau_0) + c_2\cos(\omega_0\tau_0)}{b_2}\left[k\cos(\Omega t) - \dfrac{2\sqrt{2}b_2}{3}(v_1\cos(\omega_0\tau_0) - v_2\sin(\omega_0\tau_0))^3 \right] \end{bmatrix}$$

通过正规型理论以及中心流形定理的应用,本节获得了系统模型的中心流形方程(7.25),为了对此方程做进一步的分岔周期解以及稳定性的讨论,需要采用平均化的方法将该中心流形方程转化为平均方程,其推导过程如下。

7.3.2 分岔周期解及其稳定性讨论

假设方程(7.25)的解用极坐标表示为

$$v = (r\cos(\omega_0 t + \theta), -r\sin(\omega_0 t + \theta))^{\mathrm{T}} \tag{7.26}$$

其中，r、θ 是常数；ω_0 是对应于线性系统临界点的振动频率。再令外部周期激励的振动频率为

$$\Omega = \omega_0 + \varepsilon\sigma \tag{7.27}$$

其中，σ 是调谐参数。为了确定解(7.26)中的振幅 r 和相位 θ，使用文献[5]中的平均法得到方程(7.25)的一次近似主共振解 v，它的振幅和相位不再是常数，而是时间的函数，其对时间的导数由平均法计算后如下：

$$\begin{cases} \dot{r} = s_1 \cos\Theta + s_2 \sin\Theta + s_{13} r^3 \\ \dot{\Theta} = \sigma + (-s_1 \sin\Theta + s_2 \cos\Theta + s_{23} r^3)/r \end{cases} \tag{7.28}$$

其中，$\Theta = \Theta(t) = \sigma\varepsilon t - \theta(t)$，$r = r(t)$，$(\cdot)' = \mathrm{d}(\cdot)/\mathrm{d}(\varepsilon t)$，并且

$$s_1 = \frac{\sqrt{2}b_1 b_2 k}{l^2 + m^2} \frac{b_2 l + c_1 \cos(\omega_0 \tau_0) - c_2 \sin(\omega_0 \tau_0)}{2b_2}$$

$$s_2 = \frac{\sqrt{2}b_1 b_2 k}{l^2 + m^2} \frac{b_2 m - c_1 \sin(\omega_0 \tau_0) - c_2 \cos(\omega_0 \tau_0)}{2b_2}$$

$$s_{13} = \frac{b_1 b_2}{2(l^2 + m^2)} \frac{(a_1^2 + \omega_0^2)(m\omega_0 - la_1) - c_1 b_1^2}{b_1^2}$$

$$s_{23} = \frac{b_1 b_2}{2(l^2 + m^2)} \frac{(l\omega_0 + ma_1)(\omega_0^2 + a_1^2) + b_1^2 c_2}{b_1^2}$$

系统模型(7.2)的周期运动可以表示为

$$x(t) = y_1(t) = y_{1t}(0) = \sqrt{2}v_1 + O(\varepsilon) = \sqrt{2}r\cos(\Omega t - \Theta) + O(\varepsilon) \tag{7.29}$$

其中，r 和 Θ 都是方程(7.28)的非零平衡解。当 $\dot{\Theta} = 0$ 以及 $\dot{r} = 0$ 时，可以获得方程(7.28)的稳定状态解：

$$-s_{13} r^3 = s_1 \cos\Theta + s_2 \sin\Theta, \quad -s_{23} r^3 = r\sigma - s_1 \sin\Theta + s_2 \cos\Theta \tag{7.30}$$

从上述方程中消去 Θ，则可以获得相应的分岔方程：

$$E(r^2) = s_1^2 + s_2^2 \tag{7.31}$$

令 $s = r^2$，那么：

$$E(s) = (s_{13}^2 + s_{23}^2)s^3 + 2s_{23}\sigma s^2 + \sigma^2 s \tag{7.32}$$

分析平均方程(7.28)的雅可比矩阵，则相应的特征方程如下，λ 代表特征值：

$$\lambda^2 + 2e_1\lambda + e_2 = 0 \tag{7.33}$$

其中

$$e_1 = -2s_{13} r^2, \quad e_2 = (\sigma + 2s_{23} r^2)^2 + 3s_{13}^2 r^4 - s_{23}^2 r^4$$

当且仅当 $e_1 > 0$ 并且 $e_2 > 0$ 时，解是渐近稳定的。在两种情况下解将失去稳定：第一种情况是当 $e_1 > 0$ 并且 $e_2 = 0$ 时，有一个特征根 $\lambda_1 = 0$；第二种情况是当 $e_1 = 0$ 并且 $e_2 > 0$ 时，将会有一对纯虚根穿过虚轴。

通过引入振幅和相位,采用平均法的思想将原来中心流形的二维坐标 v 改写为用振幅 r 和相位 Θ 描述的平均方程(7.28),并且获得该方程的一阶近似解(7.29)。同时通过对平均方程的雅可比矩阵的特征方程根进行分析,获得了 e_1、e_2 在满足不同条件时系统的近似解析方程解的稳定性以及 Hopf 分岔出现的方向。

7.4　数　值　仿　真

本节给出一个数值仿真实例,考察一个带有弱外部激励的 Gopalsamy 神经网络(7.2),令 $a_1 = 1.2$、$a_2 = 1.1$、$b_1 = 1.6$、$b_2 = 1.2$ 并且 $k = 0.15$,由方程(7.12)可以计算出系统的线性固有频率为 $\omega_0 = 0.7736$。根据式(7.32)绘制出图 7.1,可以看出当时滞 τ 不断增大经过临界点 A 时(即 $\tau_c = 3.631$),将出现不稳定的周期解。

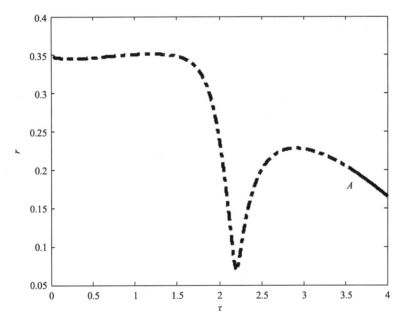

图 7.1　式(7.32)在 $k = 0.15$ 时的振幅响应周期解曲线

(实线表示不稳定周期解,虚线表示稳定周期解)

用时滞作为分岔参数,仿真了在不同时滞情况下的波形图、相图和功率谱图,通过这些结果证实了图 7.1 的解析结果的正确性。图 7.2 是在时滞 $\tau = 1.5$ 时的波形图、相图和功率谱图,从其相图看出有一个较稳定的周期轨道,功率谱图中功率谱只在基频处出现尖峰，是一个典型的周期运动。图 7.3 是在时滞 $\tau=3.7$ 时的波形图、相图和功率谱图，相图中的曲线表明系统有多个周期轨道，功率谱图中的功率谱出现分频和倍频，属于倍周期运动。图 7.4 是在时滞 $\tau=5$ 时的波形图、相图和功率谱图，从功率谱图可以看出对应的功率谱在几个不可约的基频以及它们的叠加处出现尖峰，代表此刻系统的运动呈现准周期运动。图 7.5 是在时滞 $\tau=15$ 时的波形图、相图和功率谱图，在功率谱图中的功率谱此时与周期解、准周期解不同，它具有频率成分无规则的波动、连续的、宽带频率成分特性，相图是一个奇异吸引子，所以此时系统呈现的是混沌运动。

　　为了清楚地显示系统通往混沌的道路，由实验仿真，采用庞加莱映射在相平面上的投影，获得了在时延分别为 $\tau=1.5$、$\tau=3.7$、$\tau=5$、$\tau=15$ 时的庞加莱映射图，如图 7.6 所示。当 $\tau=1.5$ 时，从实验结果再一次证实了图 7.1 的理论结果，轨迹收敛到一个点 $(0.93351, 0.8379)$，表明系统在此时有一个稳定的周期解。随着时滞的逐渐增大，当 $\tau=3.7>\tau_c$ 时，轨迹收敛点逐渐增多，表明系统开始呈现出一种倍周期运动，当 $\tau=5$ 时，庞加莱映射在相平面上的投影显示了一种非封闭的"椭圆"形式，此时系统形成了拟周期运动，进一步增加时滞，该"椭圆"环面破裂形成混沌现象。由以上分析可知，时滞作为控制参数或者分岔参数，可以导致时滞控制非自治系统失去稳定性，使系统表现出复杂的动力学现象。

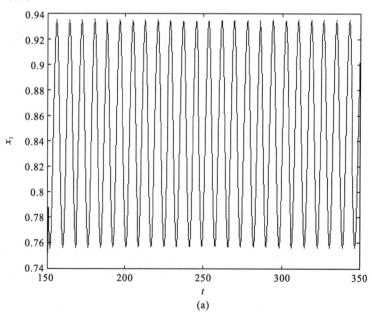

(a)

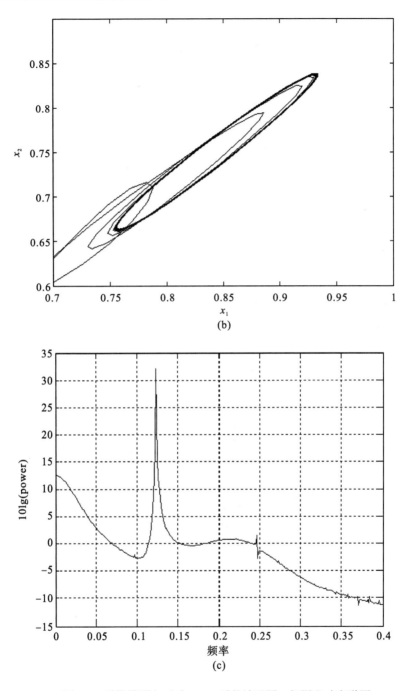

图 7.2 系统模型(7.2)在 $\tau=1.5$ 时的波形图、相图和功率谱图

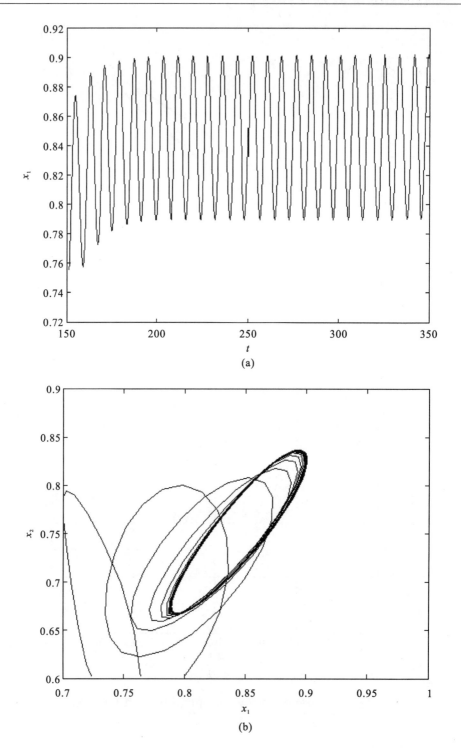

(a)

(b)

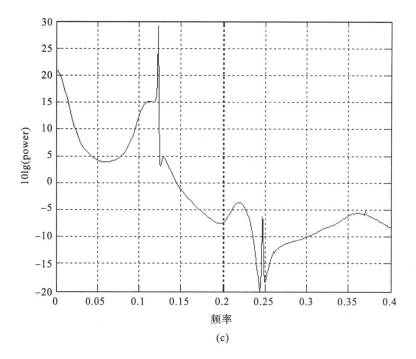

(c)

图 7.3　系统模型 (7.2) 在 $\tau = 3.7$ 时的波形图、相图和功率谱图

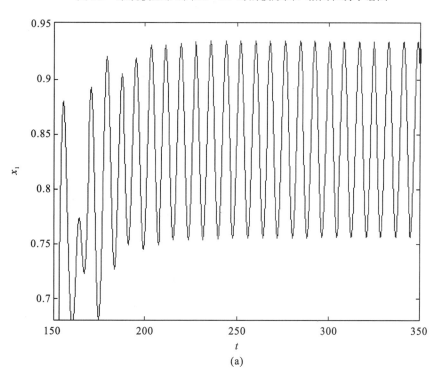

(a)

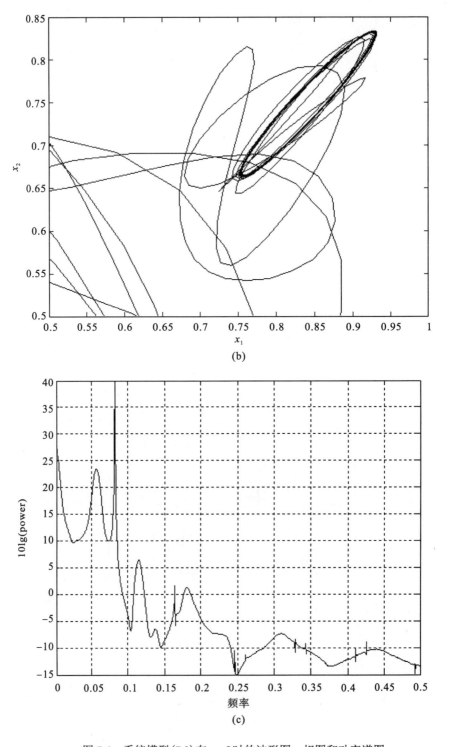

(b)

(c)

图 7.4　系统模型 (7.2) 在 $\tau = 5$ 时的波形图、相图和功率谱图

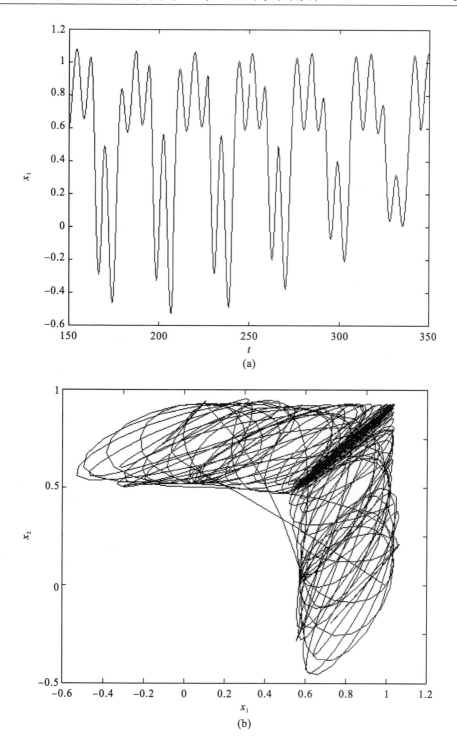

(a)

(b)

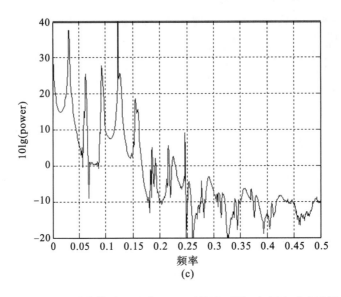

(c)

图 7.5 系统模型 (7.2) 在 $\tau = 15$ 时的波形图、相图和功率谱图

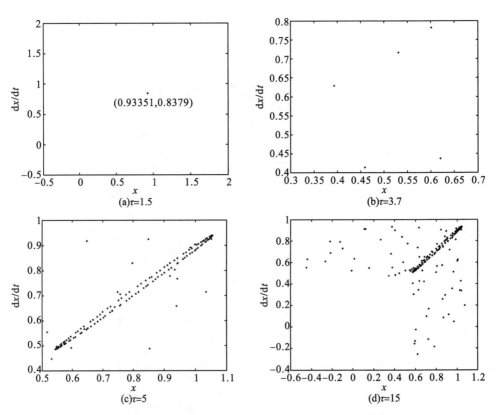

图 7.6 系统模型 (7.2) 在 $\tau = 1.5$、$\tau = 3.7$、$\tau = 5$、$\tau = 15$ 时的庞加莱映射图

7.5　本　章　小　结

本章对实际应用比较广泛的 Golpasamy 神经网络给予外部周期激励后的模型进行了分岔及周期解的动力学行为讨论，采用近似解析法获得中心流形，再应用平均法获得平均方程,进而通过分析平均方程的雅可比矩阵获得了分岔方程，由此分岔方程讨论了系统在外部周期激励的影响下，其周期解的稳定性和方向。通过数值仿真的实例绘制出振幅响应曲线以及波形图、相图和功率谱图，证实了由解析方法所获得的结果。因为平均法对于弱非线性项比较适用，所以在选定系统参数时所给予的值为小于 1 的非线性项参数,尽管该方法在实用性上尚有一定限制，但是对于一般带有外部周期激励的非自治系统，它还是有一定的可借鉴性。

参 考 文 献

[1] Gopalsamy K，Sariyasa. Time delays and stimulus-dependent pattern formation in periodic environments in isolated neurons[J]. IEEE Transactions on Neural Networks，2002，13(3)：551-563.

[2] Huang C X，He Y G，Huang L H. New results on network of neurons with delayed feedback：periodical switching of excitation and inhibition[J]. Physics Letters A，2007，366(3)：190-194.

[3] Gopalsamy K，Leung I. Delay induced periodicity in a neural netlet of excitation and inhibition[J]. Physica D：Nonlinear Phenomena，1996，89(3-4)：395-426.

[4] Nayfeh A H, Chin C M, Pratt J. Perturbation methods in nonlinear dynamics—applications to machining dynamics[J]. Journal of Manufacturing Science and Engineering，1997，119(4A)：485-493.

[5] Nayfeh A H，Mook D T. Nonlinear Oscillations[M]. New York：John Wiley & Sons，1979.

[6] Hassard B D，Kazarinoff N D，Wan Y H. Theory and Applications of Hopf Bifurcation[M]. Cambridge：Cambridge University Press，1981.

第8章 基于脉冲控制的时滞惯性 BAM 神经网络的稳定性分析

8.1 脉冲控制下的时滞惯性 BAM 神经网络模型描述

在实际应用中，往往设计不同的控制策略来稳定神经网络，如反馈控制[1,2]、间歇控制[3-7]以及脉冲控制[8]等。由于脉冲控制的控制增益小而且仅仅作用在离散的脉冲时刻，所以可以大大降低控制成本以及控制过程中的信息传输总量，从而脉冲控制策略相较于其他控制策略更加有效且具有更强的鲁棒性。基于以上优点，很多文献对脉冲控制下神经网络稳定性问题进行了深入的研究[9-21]。然而，仅有很少的文献对具有二阶惯性项的神经网络的脉冲控制进行研究。

本章将对具有二阶惯性项的时滞神经网络在脉冲控制下的稳定性问题进行分析。首先通过变量替换，将具有惯性项的时滞神经网络模型转换成一阶微分方程的形式，转换后的方程系数与所引入的替换变量相关。然后构建恰当的 Lyapunov 函数，并依据脉冲比较方法，推导获得保证惯性时滞神经网络在脉冲控制下的稳定条件。若替换变量设计不一样，所得到的一阶微分方程的形式也会不同，则对应设计的脉冲控制器也不相同，因此需要根据优化方法选取恰当的脉冲控制器以便更加有效地保证惯性时滞神经网络的稳定性。最后通过给出几个数值仿真实例验证理论分析结果的正确性及有效性。

考虑如下时滞惯性 BAM 神经网络（双向联想记忆神经网络）[22]：

$$\frac{d^2 u_i(t)}{dt^2} = -a_i \frac{du_i(t)}{dt} - b_i u_i(t) + \sum_{j=1}^{n} c_{ij} g_j(u_j(t)) + \sum_{j=1}^{n} d_{ij} g_j(u_j(t-\tau(t))) + I_i, \ i=1,2,\cdots,n$$

$$(8.1)$$

其初始值为

$$\begin{cases} u_i(s) = \phi_i(s) \\ \dfrac{du_i(s)}{dt} = \psi_i(s) \end{cases}, \quad -\tau \leqslant s \leqslant 0 \qquad (8.2)$$

其中，$i=1,2,\cdots,n, j=1,2,\cdots,n$。二阶导数为系统模型(8.1)中的惯性项；$u_i(t)$ 为

第 i 个神经元在时刻 t 的状态；$a_i > 0$、$b_i > 0$ 为常数；c_{ij}、d_{ij} 为常数，表示神经网络的连接权重；g_j 为第 j 个神经元在时刻 t 的激活函数，并满足有界；$\tau(t)$ 为时变的传输时滞，并且满足 $0 \leqslant \tau(t) \leqslant \tau$；$I_i$ 表示第 i 个神经元接收到的外部输入；$\phi_i(s)$、$\psi_i(s)$ 为有界且连续的函数。

假设 8.1 假设非线性函数 $g_i(\cdot)$ 为全局 Lipschitz 连续函数，其中 $i = 1, 2, \cdots, n$，则存在常数 $l_i > 0$，$i = 1, 2, \cdots, n$，使得对任意的 $x_1, x_2 \in \mathbf{R}$ 有

$$|g_i(x_1) - g_i(x_2)| \leqslant l_i |x_1 - x_2|$$

为讨论时方便，令 $L = \mathrm{diag}\{l_1, l_2, \cdots, l_n\}$，$\mathrm{diag}\{\cdot\}$ 表示块对角矩阵。

若

$$v_i(t) = \frac{\mathrm{d}u_i(t)}{\mathrm{d}t} + \xi_i u_i(t), \quad i = 1, 2, \cdots, n \tag{8.3}$$

则系统模型 (8.1) 可改写为

$$\begin{cases} \dfrac{\mathrm{d}u_i(t)}{\mathrm{d}t} = -\xi_i u_i(t) + v_i(t) \\ \dfrac{\mathrm{d}v_i(t)}{\mathrm{d}t} = -[b_i + \xi_i(\xi_i - a_i)]u_i(t) - (a_i - \xi_i)v_i(t) \\ \qquad\qquad + \displaystyle\sum_{j=1}^{n} c_{ij} g_j(u_j(t)) + \sum_{j=1}^{n} d_{ij} g_j(u_j(t - \tau(t))) + I_i \end{cases} \tag{8.4}$$

其初始值为

$$\begin{cases} u_i(s) = \phi_i(s) \\ v_i(t) = \psi_i(s) + \xi\phi_i(s), \quad \tau \leqslant s \leqslant 0, \ i = 1, 2, \cdots, n \end{cases}$$

令 $u(t) = (u_1(t), u_2(t), \cdots, u_n(t))^{\mathrm{T}}$，$v(t) = (v_1(t), v_2(t), \cdots, v_n(t))^{\mathrm{T}}$，则系统模型 (8.4) 可改写为

$$\begin{cases} \dfrac{\mathrm{d}u(t)}{\mathrm{d}t} = -\Lambda u(t) + v(t) \\ \dfrac{\mathrm{d}v(t)}{\mathrm{d}t} = -A u(t) - B v(t) + C g(u(t)) + D g(u(t - \tau(t))) + I \end{cases} \tag{8.5}$$

其中，上标 T 表示矩阵或向量的转置；$A = \mathrm{diag}\{b_1 + \xi_1(\xi_1 - a_1), b_2 + \xi_2(\xi_2 - a_2), \cdots, b_n + \xi_n(\xi_n - a_n)\}$，$B = \mathrm{diag}\{a_1 - \xi_1, a_2 - \xi_2, \cdots, a_n - \xi_n\}$，$C = (c_{ij})_{n \times n}$，$D = (d_{ij})_{n \times n}$，$\Lambda = \mathrm{diag}\{\xi_1, \xi_2, \cdots, \xi_n\}$，$I = \mathrm{diag}\{I_1, \cdots, I_n\}$。

注 为方便讨论，本章仅引入一个变量进行变换，为得到更加有效的结果，可以引入两个变量做相应的变换，如

$$v_i(t) = \zeta_i \frac{\mathrm{d}u_i(t)}{\mathrm{d}t} + \xi_i u_i(t), \quad i = 1, 2, \cdots, n$$

定义 8.1 令 u^* 是系统模型 (8.1) 的平衡点，同时有

$$-b_i u_i^* + \sum_{j=1}^{n} c_{ij} g_j(u_j^*) + \sum_{j=1}^{n} d_{ij} g_j(u_j^*) + I_i = 0$$

定义 8.2 令 (u^*, v^*) 为系统模型 (8.5) 的平衡点，其中 $u^* = (u_1, u_2, \cdots, u_n)^\mathrm{T}$，$v^* = (v_1, v_2, \cdots, v_n)^\mathrm{T}$，并且有

$$\begin{cases} -\varLambda u^* + v^* = 0 \\ -A u^* - B v^* + C f(u^*) + D f(u^*) + I = 0 \end{cases} \tag{8.6}$$

引理 8.1 如果对任意 $i = 1, 2, \cdots, n$，激活函数 $g_i(\cdot)$ 为有界函数，即 $|g_i(x)| \leqslant M$ 成立，则对于给定输入 $I = \mathrm{diag}\{I_1, I_2, \cdots, I_n\}$，系统模型 (8.1) 存在平衡点。

证明 根据定义 8.1 可知 u^* 为系统模型 (8.1) 的平衡点当且仅当 u^* 为如下等式的解：

$$-b_i u_i^* + \sum_{j=1}^{n} c_{ij} g_j(u_j^*) + \sum_{j=1}^{n} d_{ij} g_j(u_j^*) + I_i = 0$$

由于对任意 $i = 1, 2, \cdots, n$，$b_i > 0$，有 $|g_i(x)| \leqslant M$ 成立，可得

$$|u_i^*| = |h_i(u_1^*, u_2^*, \cdots, u_n^*)| = \left| \frac{1}{b_i} \left[\sum_{j=1}^{n} c_{ij} g_j(u_j^*) + \sum_{j=1}^{n} d_{ij} g_j(u_j^*) + I_i \right] \right|$$

$$\leqslant \frac{1}{b_i} \sum_{j=1}^{n} (|c_{ij}| + |d_{ij}|) M + |I_i| \triangleq D_i, \ i = 1, 2, \cdots, n$$

因此，函数 $h(u) = (h_1, h_2, \cdots, h_n)^\mathrm{T}$ 映射 $D = [-D_1, D_1] \times \cdots \times [-D_1, D_1]$ 到自身。根据 Brouwer's 固定点理论，可知存在平衡点。证毕。

假设系统模型 (8.5) 满足假设 8.1，且 (u^*, v^*) 为系统模型的平衡点。为便于讨论，将平衡点平移到原点，令 $x = u - u^*$，$y = v - v^*$，则系统模型 (8.5) 可改写为

$$\begin{cases} \dfrac{\mathrm{d}x(t)}{\mathrm{d}t} = -\varLambda x(t) + y(t) \\ \dfrac{\mathrm{d}y(t)}{\mathrm{d}t} = -A x(t) - B y(t) + C f(x(t)) + D f(x(t - \tau(t))) \end{cases} \tag{8.7}$$

其中，$x(t) = [x_1(t), x_2(t), \cdots, x_n(t)]^\mathrm{T}$，$y(t) = [y_1(t), y_2(t), \cdots, y_n(t)]^\mathrm{T}$ 为变换后系统的状态向量。由假设 8.1 可设计函数 $f(x) = g(x + u^*) - g(u^*)$，在任意的 $x_1, x_2 \in \mathbf{R}^n$ 情况下，有

$$|f(x_1) - f(x_2)| \leqslant L |x_1 - x_2| \tag{8.8}$$

成立。其中对于向量 $x \in \mathbf{R}^n$，$|x|$ 表示 x 的欧几里得范数。

设计脉冲控制器，则在脉冲作用下原时滞惯性神经网络 (8.5) 转变为如下形式：

$$\begin{cases} \dfrac{\mathrm{d}x(t)}{\mathrm{d}t} = -\Lambda x(t) + y(t) \\ \dfrac{\mathrm{d}y(t)}{\mathrm{d}t} = -Ax(t) - By(t) + Cf(x(t)) + Df(x(t-\tau(t))), \quad t \neq t_k \\ x(t_k^+) = \alpha_k x(t_k^-) \\ y(t_k^+) = \beta_k y(t_k^-), \qquad\qquad\qquad\qquad\qquad k \in \mathbf{N}_+ \end{cases} \tag{8.9}$$

其中，$\{t_1, t_2, \cdots\}$ 为严格增的脉冲时刻，$\alpha_k, \beta_k \in \mathbf{R}$ 为脉冲强度，$\mathbf{N}_+ = \{1, 2, \cdots\}$ 表示正整数集。如果 $x(t)$ 在 $t = t_k$ 处为右连续，即 $x(t_k) = x(t_k^+)$，则系统模型 (8.9) 的解为分段右端连续函数，间断点在 $t = t_k$ 处。

从文献 [10]、[12] 和 [23] 可知如下定义与引理成立。

定义 8.3[10]　若脉冲惯性神经网络 (8.1) 的平衡点 u^* 为全局指数稳定，则一定存在 $M > 0, \lambda > 0$ 使得对任意初始值

$$\left| u(t) - u^* \right|^2 \leqslant M e^{\lambda t} \tag{8.10}$$

对所有的 $t > 0$ 满足。

引理 8.2[12]　对任意的向量 $x, y \in \mathbf{R}^n$，Q 为恰当维度的对角正定矩阵，则如下不等式成立：

$$x^\mathrm{T} y + y^\mathrm{T} x \leqslant x^\mathrm{T} Q x + y^\mathrm{T} Q^{-1} y \tag{8.11}$$

其中，$\mathbf{R}^n$ 为 n 维欧几里得空间。

引理 8.3[12]　假设 $P \in \mathbf{R}^{n \times n}$ 为对称的正定矩阵，$Q \in \mathbf{R}^{n \times n}$ 为对称矩阵，则有如下不等式成立：

$$\lambda_{\min}(P^{-1}Q) x^\mathrm{T} P x \leqslant x^\mathrm{T} Q x \leqslant \lambda_{\max}(P^{-1}Q) x^\mathrm{T} P x \tag{8.12}$$

其中，$x \in \mathbf{R}^{n \times n}$，$\lambda_{\max}(\cdot)$、$\lambda_{\min}(\cdot)$ 表示实矩阵的最大特征值、最小特征值。

引理 8.4[23]　令 $0 \leqslant \tau_i(t) \leqslant \tau$，$F(t, u, \bar{u}_1, \bar{u}_2, \cdots, \bar{u}_m) : \mathbf{R}^+ \times \underbrace{\mathbf{R} \times \cdots \times \mathbf{R}}_{m+1} \to \mathbf{R}$ 对于每一个固定的 $(t, u, \bar{u}_1, \cdots, \bar{u}_{i-1}, \bar{u}_{i+1}, \cdots, \bar{u}_m)$ $(i = 1, 2, \cdots, m)$，关于 $\bar{u}_i$ 为非减的，$I_k(u) : \mathbf{R} \to \mathbf{R}$ 关于 u 为非减的。其中 $\mathbf{R}^+$ 表示非负实数集合。

对于 $\psi : \mathbf{R} \to \mathbf{R}^n$，$\psi(t^+) = \lim\limits_{s \to 0^+}(\psi(t+s))$，$\psi(t^-) = \lim\limits_{s \to 0^-}(\psi(t+s))$。$\psi(t)$ 的 Dini 导数定义为 $D^+\psi(t) = \lim\limits_{s \to 0^+}(\psi(t+s) - \psi(t))/s$。则有如果

$$\begin{cases} D^+u(t) \leqslant F(t,u(t),u(t-\tau_1(t)),\cdots,u(t-\tau_m(t))) \\ u(t_k^+) \leqslant I_k(u(t_k^-)), \quad k \in \mathbf{N}_+ \end{cases}$$

以及

$$\begin{cases} D^+v(t) \geqslant F(t,v(t),v(t-\tau_1(t)),\cdots,v(t-\tau_m(t))) \\ v(t_k^+) \geqslant I_k(v(t_k^-)), \quad k \in \mathbf{N}_+ \end{cases}$$

满足，且若 $u(t) \leqslant v(t)$，对于 $-\tau \leqslant t \leqslant 0$ 成立，那么 $u(t) \leqslant v(t)$ 对 $t \geqslant 0$ 依然成立。其中 $\mathbf{N}_+ = \{1,2,\cdots\}$ 表示正整数集。

8.2　稳定性分析

定理 8.1[24]　若假设 8.1 满足，并且存在矩阵 $\varLambda = \{\xi_1,\xi_2,\cdots,\xi_n\}$ 使得如下不等式成立：

$$\left(p + \frac{\ln b}{d}\right)b + q < 0 \tag{8.13}$$

其中，$p = \max\{\lambda_{\max}(-2\varLambda + 2I + L^{\mathrm{T}}L), \lambda_{\max}(I + AA^{\mathrm{T}} - 2B + CC^{\mathrm{T}} + DD^{\mathrm{T}})\}$，$q = \lambda_{\max}(L^{\mathrm{T}}L)$，$0 < \max\{\alpha_k^2, \beta_k^2\} < b < 1$，$0 \leqslant t_{k+1} - t_k \leqslant d$，则系统模型 (8.5) 的平衡点 (u^*, v^*) 在脉冲控制下为全局指数是稳定的。

证明　设计如下 Lyapunov 函数：

$$V(t) = x^{\mathrm{T}}(t)x(t) + y^{\mathrm{T}}(t)y(t) \tag{8.14}$$

对 $V(t)$ 求导可得

$$\begin{aligned} D^+V(t) &= 2x^{\mathrm{T}}(t)\dot{x}(t) + 2y^{\mathrm{T}}(t)\dot{y}(t) \\ &= 2x^{\mathrm{T}}(t)(-\varLambda x(t) + y(t)) \\ &\quad + 2y^{\mathrm{T}}(t)(-Ax(t) - By(t) + Cf(x(t)) + Df(x(t-\tau(t)))) \\ &= -2x^{\mathrm{T}}(t)\varLambda x(t) + 2x^{\mathrm{T}}(t)y(t) - 2y^{\mathrm{T}}(t)Ax(t) - 2y^{\mathrm{T}}(t)Ax(t) \\ &\quad - 2y^{\mathrm{T}}(t)By(t) + 2y^{\mathrm{T}}(t)Cf(x(t)) + 2y^{\mathrm{T}}(t)Df(x(t-\tau(t))) \\ &\leqslant -2x^{\mathrm{T}}(t)\varLambda x(t) + x^{\mathrm{T}}(t)y(t) + y^{\mathrm{T}}(t)AA^{\mathrm{T}}y(t) + x^{\mathrm{T}}(t)x(t) \\ &\quad - 2y^{\mathrm{T}}(t)By(t) + 2y^{\mathrm{T}}(t)Cf(x(t)) + 2y^{\mathrm{T}}(t)Df(x(t-\tau(t))) \end{aligned} \tag{8.15}$$

根据引理 8.2 和假设 8.1，可得

$$\begin{aligned} &2y^{\mathrm{T}}(t)Cf(x(t)) \\ &\leqslant y^{\mathrm{T}}(t)CC^{\mathrm{T}}y(t) + f^{\mathrm{T}}(x(t))f(x(t)) \\ &\leqslant y^{\mathrm{T}}(t)CC^{\mathrm{T}}y(t) + x^{\mathrm{T}}(t)L^{\mathrm{T}}Lx(t) \end{aligned} \tag{8.16}$$

$$2y^{\mathrm{T}}(t)Df(x(t-\tau(t)))$$
$$\leqslant y^{\mathrm{T}}(t)DD^{\mathrm{T}}y(t) + f^{\mathrm{T}}(x(t-\tau(t)))f(x(t-\tau(t))) \qquad (8.17)$$
$$\leqslant y^{\mathrm{T}}(t)DD^{\mathrm{T}}y(t) + x^{\mathrm{T}}(t-\tau(t))L^{\mathrm{T}}Lx(t-\tau(t))$$

由式 (8.15) ～式 (8.17) 可得

$$D^{+}V(t) = x^{\mathrm{T}}(t)(-2\Lambda + 2I + L^{\mathrm{T}}L)x(t) + \lambda_{\max}(L^{\mathrm{T}}L)x^{\mathrm{T}}(t-\tau(t))x(t-\tau(t))$$
$$+ y^{\mathrm{T}}(t)(I - AA^{\mathrm{T}} - 2B + CC^{\mathrm{T}} + DD^{\mathrm{T}})y(t) \qquad (8.18)$$
$$\leqslant pV(t) + qV(t-\tau(t)), \quad t \in (t_{k-1}, t_k]$$

当 $t = t_k$ 时，根据系统模型 (8.9) 的第三个等式和第四个等式可得

$$V(t_k^+) = x^{\mathrm{T}}(t_k^+)x(t_k^+) + y^{\mathrm{T}}(t_k^+)y(t_k^+)$$
$$\leqslant \alpha_k^2 x^{\mathrm{T}}(t_k^-)x(t_k^-) + \beta_k^2 y^{\mathrm{T}}(t_k^+)y(t_k^+) \qquad (8.19)$$
$$\leqslant bV(t_k^-)$$

对于任意参数 $\varepsilon > 0$，令 $\upsilon(t)$ 为如下时滞脉冲系统的唯一解：

$$\begin{cases} \dot{\upsilon}(t) = p\upsilon(t) + q\upsilon(t-\tau(t)) + \varepsilon, & t \neq t_k \\ \upsilon(t^+) = b\upsilon(t_k^-), & t = t_k, k \in \mathbf{N}_+ \\ \upsilon(t) = \left|\phi(s) - u^*\right|^2 + \left|\varphi(s) + \xi\phi(s) - v^*\right|^2, & -\tau \leqslant s \leqslant 0 \end{cases} \qquad (8.20)$$

由于 $-\tau \leqslant s \leqslant 0$ 成立，则有 $\upsilon(s) \geqslant V(s) \geqslant 0$。根据式 (8.18) 和式 (8.19) 以及引理 8.4 可得

$$0 \leqslant V(t) \leqslant \upsilon(t), \quad t \geqslant 0 \qquad (8.21)$$

根据式 (8.20) 可得

$$\upsilon(t) = W(t,0)\upsilon(0) + \int_0^t W(t,s)[q\upsilon(s-\tau(s)) + \varepsilon]\mathrm{d}s \qquad (8.22)$$

其中，$W(t,s)(t,s \geqslant 0)$ 为如下线性系统的柯西矩阵：

$$\begin{cases} \dot{z}(t) = pz(t), & t \neq t_k \\ z(t) = bz(t_k^-), & t = t_k, k \in \mathbf{N}_+ \end{cases}$$

由柯西矩阵的表述，可得如下估计：

$$(t,s) = \mathrm{e}^{p(t-s)}\prod_{s<t_k\leqslant t}b \leqslant \mathrm{e}^{p(t-s)}b^{\frac{t-s}{d}-1} \qquad (8.23)$$
$$\leqslant b^{-1}\mathrm{e}^{p(t-s)}\mathrm{e}^{\frac{(t-s)\ln b}{d}} \leqslant b^{-1}\mathrm{e}^{-\pi(t-s)}$$

其中 $\pi = -\left(p + \dfrac{\ln b}{d}\right)$，$0 < b < 1$ 以及 $d = \max\limits_{k \in \mathbf{N}_+}\{t_{k+1} - t_k\}$。

令 $\xi = \sup\limits_{\tau \leqslant s \leqslant 0} \left(\left| \phi(s) - u^* \right|^2 + \left| \varphi(s) + \xi\phi(s) - v^* \right|^2 \right)$ ，根据式 (8.22) 和式 (8.23) 可得

$$\upsilon(t) \leqslant \xi e^{-\pi t} + \int_0^t b^{-1} e^{-\pi(t-s)} [q\upsilon(s - \tau(s)) + \varepsilon] ds \tag{8.24}$$

设

$$w(v) = v - \pi + b^{-1} q e^{v\tau} \tag{8.25}$$

根据式 (8.13) 可得 $w(0) < 0$ 。因为 $w(+\infty) = +\infty$ 以及 $\dot{w}(0) > 0$ ，所以存在唯一的 $\theta > 0$ 使得

$$\theta - \pi + b^{-1} q e^{v\tau} = 0 \tag{8.26}$$

另外，根据式 (8.13) 还可以得到 $\pi b - q > 0$ ，因此有

$$\begin{aligned}
\upsilon(t) &= \left| \phi(s) - u^* \right|^2 + \left| \varphi(s) + \xi\phi(s) - v^* \right|^2 \\
&\leqslant \xi < \xi e^{-\theta t} + \frac{\varepsilon}{\pi b - q}, \quad -\tau \leqslant t \leqslant 0
\end{aligned} \tag{8.27}$$

下面利用反证法证明如下不等式成立：

$$\upsilon(t) < \xi e^{-\theta t} + \frac{\varepsilon}{\pi b - q} \tag{8.28}$$

假设不等式 (8.28) 不成立，则存在 $t^* > 0$ 使得

$$\upsilon(t^*) \geqslant \xi e^{-\theta t^*} + \frac{\varepsilon}{\pi b - q} \tag{8.29}$$

以及

$$\upsilon(t) < \xi e^{-\theta t} + \frac{\varepsilon}{\pi b - q}, \quad t < t^* \tag{8.30}$$

成立。

根据式 (8.24) ~ 式 (8.30) 可得

$$\begin{aligned}
\upsilon(t^*) &\leqslant \xi e^{-\pi t^*} + \int_0^t b^{-1} e^{-\pi(t^*-s)} [q\upsilon(s - \tau(s)) + \varepsilon] ds \\
&< e^{-\pi t^*} \left\{ \xi + \frac{\varepsilon}{\pi b - q} + \int_0^{t^*} e^{-\pi s} \left[q \left(\xi e^{-\theta(s-\tau(s))} + \frac{\varepsilon}{\pi b - q} \right) + \varepsilon \right] ds \right\} \\
&< e^{-\pi t^*} \xi + \frac{\varepsilon}{\pi b - q} + b^{-1} q \xi e^{\theta\tau} \int_0^{t^*} e^{(\pi-\theta)s} ds + \frac{\pi\varepsilon}{\pi b - q} \int_0^{t^*} e^{\pi s} ds \\
&< e^{-\pi t^*} \left\{ \xi + \frac{\varepsilon}{\pi b - q} + b^{-1} q \xi e^{\theta\tau} \frac{1}{\pi - \theta} (e^{(\pi-\theta)t^*} - 1) + \frac{\varepsilon}{\pi b - q} \left(e^{\pi t^*} - 1 \right) \right\}
\end{aligned}$$

$$= \frac{1}{\pi - \theta} b^{-1} q e^{\theta t} \xi e^{-\theta t^*} + \frac{\varepsilon}{\pi b - q} + e^{-\pi t^*} \left[\xi \left(1 - \frac{1}{\pi - \theta} b^{-1} q e^{\theta \tau} \right) - \frac{\varepsilon}{\pi b - q} \right] \tag{8.31}$$

$$< \xi e^{-\theta t^*} + \frac{\varepsilon}{\pi b - q}$$

因此如下不等式成立：

$$\upsilon(t^*) < \xi e^{-\theta t^*} + \frac{\varepsilon}{\pi b - q} \tag{8.32}$$

且与不等式 (8.29) 矛盾，因此式 (8.28) 成立。

若 $\varepsilon \to 0$，则由式 (8.21) 可以得到：

$$V(t) \leqslant \upsilon(t) \leqslant \xi e^{-\theta t} \tag{8.33}$$

因此，系统模型 (8.9) 的解能够以指数的形式收敛到零平衡点，以此保证系统模型 (8.5) 在脉冲作用下能够指数收敛到平衡点 (u^*, v^*)，获得系统模型的指数稳定性。证毕。

注　根据定理 8.1 可知，系统模型 (8.9) 中的参数 $\varLambda$ 及 A 与系统模型 (8.3) 中选取的替换变量 ξ_i 有关，它们在脉冲控制器设计时具有重要的作用。若 ξ_i 取不同的值，那么变换后的系统模型 (8.5) 所对应的参数将不同，也导致系统模型的平衡点 (u^*, v^*) 不同。因此，根据定理 8.1，可以通过对 ξ_i 取不同值，设计不同的脉冲控制器来稳定系统模型 (8.5)，同时系统模型 (8.5) 的轨迹将获得不同的平衡点。

当假设系统模型的平衡点为零点时，系统模型 (8.5) 仅仅需要满足条件 $Cf(0) + Df(0) + I = 0$ 就可以获得稳定，因此可以选取任意的 ξ_i 来设计脉冲控制器。如何选取恰当的 ξ_i 使得脉冲更加有效，相关推论如下。

推论 8.1　若假设 8.1 满足，则有如下不等式成立：

$$\left(p + \frac{\ln b}{d} \right) b + q < 0 \tag{8.34}$$

其中

$$p = \max \{ \lambda_{\max}(-2\varLambda + 2I + L^{\mathrm{T}} L), \lambda_{\max}(I + AA^{\mathrm{T}} - 2B + CC^{\mathrm{T}} + DD^{\mathrm{T}}) \}$$

$$q = \lambda_{\max}(L^{\mathrm{T}} L), \ 0 < \max \{ \alpha_k^2, \beta_k^2 \} < b < 1, \ 0 \leqslant t_{k+1} - t_k \leqslant d$$

$$\xi_i = \arg \min \{ p \}, \ Cf(0) + Df(0) + I = 0$$

则系统模型 (8.5) 的平衡点 (u^*, v^*) 在脉冲控制下全局指数稳定。

注　对于给定的脉冲强度 b，p 越小，则需要的脉冲间隔 d 越大。因此，

选取恰当的 ξ_i 使得 p 为最小，则对应的脉冲控制器所需发生的次数最少。对于如何求解 $\xi_i = \arg\min\{p\}$，通过数学计算，可得到最有效的解。

8.3 数值仿真

本节给出两个数值例子验证上述理论分析结果的正确性与有效性。

例 8.1 考虑如下时滞惯性 BAM 神经网络 $a_1 = 1$，$a_2 = 1$，$b_1 = 1.5$，$b_2 = 1.5$，$f_1(u_1(t)) = \sin(u_1(t))$，$f_2(u_2(t)) = \cos(u_2(t))$，$\tau(t) = e^t/(1+e^t)$，$\tau = 1$，$I = 0$。

$$\begin{cases} \dfrac{\mathrm{d}^2 u_i(t)}{\mathrm{d}t^2} = -\dfrac{\mathrm{d}u_i(t)}{\mathrm{d}t} - 1.5u_i(t) + 0.3\sin(u_1(t)) + 0.1\cos(u_2(t)) \\ \qquad\qquad + 0.4\sin(u_1(t-\tau(t))) + 0.2\cos(u_1(t-\tau(t))) \\ \dfrac{\mathrm{d}^2 u_i(t)}{\mathrm{d}t^2} = -\dfrac{\mathrm{d}u_i(t)}{\mathrm{d}t} - 1.5u_i(t) + 0.2\sin(u_1(t)) + 0.2\cos(u_2(t)) \\ \qquad\qquad + 0.2\cos(u_1(t-\tau(t))) \end{cases} \tag{8.35}$$

令 $\xi_1 = \xi_2 = 2$，$\alpha_k = \beta_k = 0.8$，则有如下向量形式，可得系统模型 (8.5) 中对应的各项系数矩阵

$$C = \begin{bmatrix} 0.3 & 0.1 \\ 0.2 & 0.2 \end{bmatrix}, \qquad D = \begin{bmatrix} 0.4 & 0.2 \\ 0 & 0.2 \end{bmatrix}$$

$$\Lambda = \begin{bmatrix} \xi_1 & 0 \\ 0 & \xi_2 \end{bmatrix} = \begin{bmatrix} 2 & 0 \\ 0 & 2 \end{bmatrix}$$

$$A = \begin{bmatrix} b_1 + \xi_1(\xi_1 - a_1) & 0 \\ 0 & b_2 + \xi_2(\xi_2 - a_2) \end{bmatrix} = \begin{bmatrix} 3.5 & 0 \\ 0 & 3.5 \end{bmatrix}$$

$$B = \begin{bmatrix} a_1 - \xi_1 & 0 \\ 0 & a_2 - \xi_2 \end{bmatrix} = \begin{bmatrix} -1 & 0 \\ 0 & -1 \end{bmatrix}$$

假设 $\mu_{ik} = 0.64$，根据定理 8.1，可得当脉冲间隔满足 $t_k - t_{k-1} < 0.0299$ 时，时滞神经网络 (8.35) 在脉冲作用下会达到指数稳定。图 8.1 为惯性神经网络 (8.35) 在没有脉冲作用下随时间变化的状态轨迹图。图 8.2 为惯性神经网络 (8.35) 在脉冲控制下随时间变化的状态轨迹图。图 8.3 为时间变化下脉冲强度的变化图。

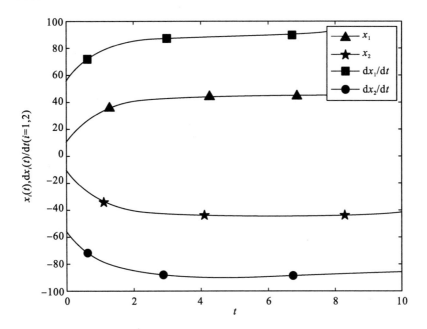

图 8.1 系统模型 (8.35) 在无脉冲控制时的状态轨迹图[24]

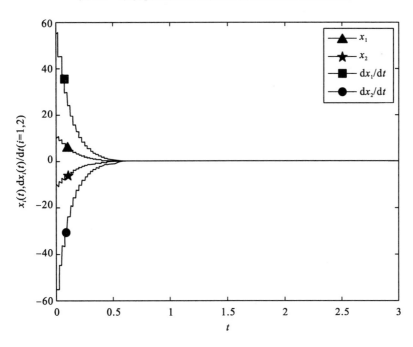

图 8.2 系统模型 (8.35) 在有脉冲控制时的状态轨迹图[24]

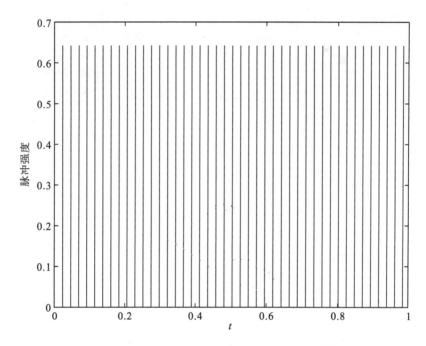

图 8.3　作用在系统模型 (8.35) 上的脉冲[24]

因此，虽然系统模型 (8.35) 为不稳定的系统，但是根据本章的结果可以设计恰当的脉冲控制器来保证系统的稳定性。

例 8.2　考虑如下时滞惯性 BAM 神经网络 $a_1 = 1$，$a_2 = 1$，$b_1 = 1.5$，$b_2 = 1.5$，$f_1(u_1(t)) = \sin(u_1(t))$，　$f_2(u_2(t)) = \cos(u_2(t))$，　$\tau(t) = \mathrm{e}^t / (1 + \mathrm{e}^t)$，　$\tau = 1$，$I = 0$，$\alpha_k = \beta_k = 0.8$。

$$\begin{cases} \dfrac{\mathrm{d}^2 u_i(t)}{\mathrm{d}t^2} = -\dfrac{\mathrm{d}u_i(t)}{\mathrm{d}t} - 1.5u_i(t) + 0.3\sin(u_1(t)) + 0.1\cos(u_2(t)) \\ \qquad\quad + 0.4\sin(u_1(t-\tau(t))) - 0.1\cos(u_1(t-\tau(t))) \\ \dfrac{\mathrm{d}^2 u_i(t)}{\mathrm{d}t^2} = -\dfrac{\mathrm{d}u_i(t)}{\mathrm{d}t} - 1.5u_i(t) + 2\sin(u_1(t)) - 0.2\cos(u_2(t)) \\ \qquad\quad + 1.5\sin(u_1(t-\tau(t))) + 0.2\cos(u_1(t-\tau(t))) \end{cases} \tag{8.36}$$

根据推论 8.1，当 $\xi_1 = \xi_2 = -0.8905$ 时，能够获得最小的 p 值，使得脉冲控制器所需发生的次数最少，进而得到最优的结果。同例 8.1，式 (8.36) 可以得到下列向量形式，以及对应的矩阵：

$$C = \begin{bmatrix} 0.3 & 0.1 \\ 2 & -0.2 \end{bmatrix}, \quad D = \begin{bmatrix} 0.4 & -0.1 \\ 1.5 & 0.2 \end{bmatrix}$$

$$\Lambda = \begin{bmatrix} \xi_1 & 0 \\ 0 & \xi_2 \end{bmatrix} = \begin{bmatrix} -0.8905 & 0 \\ 0 & -0.8905 \end{bmatrix}$$

$$A = \begin{bmatrix} b_1 + \xi_1(\xi_1 - a_1) & 0 \\ 0 & b_2 + \xi_2(\xi_2 - a_2) \end{bmatrix} = \begin{bmatrix} 3.1835 & 0 \\ 0 & 3.1835 \end{bmatrix}$$

$$B = \begin{bmatrix} a_1 - \xi_1 & 0 \\ 0 & a_2 - \xi_2 \end{bmatrix} = \begin{bmatrix} 1.8905 & 0 \\ 0 & 1.8905 \end{bmatrix}$$

假设 $\mu_{ik} = 0.64$，根据推论 8.1，可得当脉冲间隔满足 $t_k - t_{k-1} < 0.0523$ 时，惯性 BAM 神经网络在脉冲作用下会达到指数稳定。图 8.4 为惯性神经网络 (8.36) 在没有脉冲作用下随时间变化的状态轨迹图。图 8.5 为惯性神经网络 (8.36) 在脉冲控制下随时间变化的状态轨迹图。图 8.6 为设计的随时间变化的脉冲强度变化图。

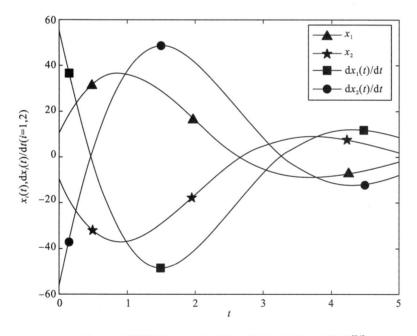

图 8.4　系统模型 (8.36) 在无脉冲控制时的状态轨迹图[24]

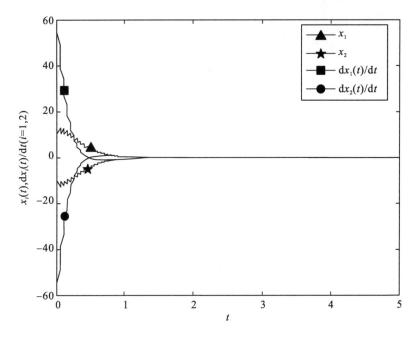

图 8.5　系统模型 (8.36) 在具有脉冲控制时的状态轨迹图[24]

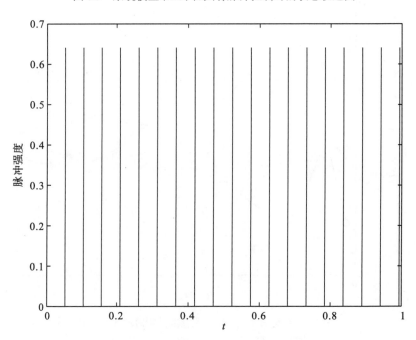

图 8.6　作用在系统模型 (8.36) 上的脉冲[24]

8.4　本章小结

本章对时滞惯性 BAM 神经网络的脉冲控制进行了讨论。根据 Lyapunov 函数设计与脉冲比较方法，推导出了保证时滞惯性 BAM 神经网络指数稳定性的充分条件。在此条件下，通过设计有效的脉冲控制器使系统达到稳定状态。目前关于时滞惯性 BAM 神经网络的稳定性问题仍处于起步阶段，仍然存在众多的研究课题值得探索，如时滞惯性 BAM 神经网络的牵引脉冲控制、反馈控制、间歇控制以及切换控制等。

参 考 文 献

[1] Zhang W，Li C，Huang T，et al. Exponential stability of inertial bam neural networks with time-varying delay via periodically intermittent control[J]. Neural Computing & Applications，2015，26(7)：1781-1787.

[2] Hayakawa T，Haddad M M，Hovakimyan N. Neural network adaptive control for a class of nonlinear uncertain dynamical systems with asymptotic stability guarantees[J]. IEEE Transactions on Neural Networks and Learning Systems，2008，19(1)：80-89.

[3] Ge S S，Hang C C，Lee T H，et al. Stable adaptive neural network control[C]. Springer Science & Business Media，2013：11-26.

[4] Yang X，Cao J. Stochastic synchronization of coupled neural networks with intermittent control[J]. Physics Letters A，2009，373(36)：3259-3272.

[5] Huang J，Li C，Han Q. Stabilization of delayed chaotic neural networks by periodically intermittent control[J]. Circuits Systems & Signal Processing，2009，28(4)：567-579.

[6] Liu X，Chen T. Cluster synchronization in directed networks via intermittent pinning control[J]. IEEE Transactions on Neural Networks and Learning Systems，2011，22(7)：1009-1020.

[7] Huang T，Li C，Yu W，et al. Synchronization of delayed chaotic systems with parameter mismatches by using intermittent linear state feedback[J]. Nonlinearity，2009，22(3)：569.

[8] Basin M，Pinsky M. Stability impulse control of faulted nonlinear systems[J]. IEEE Transactions on Automatic Control，1998，43(11)：1604-1608.

[9] Zhu Q，Cao J. Stability analysis of Markovian jump stochastic BAM neural networks with impulse control and mixed time delays[J]. IEEE Transactions on Neural Networks and Learning Systems，2012，23(3)：467-479.

[10] Li C，Li C，Liao X，et al. Impulsive effects on stability of high-order BAM neural networks with time delays[J]. Neurocomputing，2011，74(10)：1541-1550.

[11] Guan Z H, Chen G. On delayed impulsive Hopfield neural networks[J]. Neural Networks, 1999, 12(2): 273-280.

[12] Chen W H, Zheng W X. Global exponential stability of impulsive neural networks with variable delay: an LMI approach[J]. IEEE Transactions on Circuits and Systems I: Regular Papers, 2009, 56(6): 1248-1259.

[13] Zhu Q, Cao J. Stability of Markovian jump neural networks with impulse control and time varying delays[J]. Nonlinear Analysis: Real World Applications, 2012, 13(5): 2259-2270.

[14] Cao J, Ho D W C, Yang Y. Projective synchronization of a class of delayed chaotic systems via impulsive control[J]. Physics Letters A, 2009, 373(35): 3128-3133.

[15] Li X. New results on global exponential stabilization of impulsive functional differentialequations with infinite delays or finite delays[J]. Nonlinear Analysis: Real World Applications, 2010, 11(5): 4194-4201.

[16] Li X, Bohner M, Wang C K. Impulsive differential equations: periodic solutions and applications[J]. Automatica, 2015, 52: 173-178.

[17] Lu J, Kurths J, Cao J, et al. Synchronization control for nonlinear stochastic dynamical networks: pinning impulsive strategy[J]. IEEE Transactions on Neural Networks and Learning Systems, 2012, 23(2): 285-292.

[18] Wang F, Yang Y, Hu A, et al. Exponential synchronization of fractional-order complex networks via pinning impulsive control[J]. Nonlinear Dynamics, 2015, 82(4): 1979-1987.

[19] Yang X, Cao J, Yang Z. Synchronization of coupled reaction-diffusion neural networks with time-varying delays via pinning-impulsive controller[J]. SIAM Journal on Control and Optimization, 2013, 51(5): 3486-3510.

[20] Wang Y, Cao J, Hu J. Stochastic synchronization of coupled delayed neural networks with switching topologies via single pinning impulsive control[J]. Neural Computing and Applications, 2015, 26(7): 1739-1749.

[21] Zhou J, Wu Q, Xiang L. Pinning complex delayed dynamical networks by a single impulsive controller[J]. IEEE Transactions on Circuits and Systems I Regular Papers, 2011, 58(12): 2882-2893.

[22] Cao J, Wan Y. Matrix measure strategies for stability and synchronization of inertial BAM neural network with time delays[J]. Neural Networks, 2014, 53: 165-172.

[23] Zhang W, Tang Y, Fang J A, et al. Stability of delayed neural networks with time-varying impulses[J]. Neural Networks, 2012, 36(8): 59-63.

[24] Qi J, Li C, Huang T. Stability of inertial BAM neural network with time-varying delay via impulsive control[J]. Neurocomputing, 2015, 161: 162-167.

第9章 周期间歇控制下时滞惯性BAM 神经网络的指数稳定性分析

9.1 周期间歇控制下的时滞惯性 BAM 神经网络模型描述

众所周知，大部分神经网络动力学行为的研究主要集中在神经网络一维微分状态，而引入电感项，即在人工神经网络中引入惯性项会产生分岔和混沌行为[1-4]。在文献[5]中，作者研究了时滞惯性 BAM 神经网络在矩阵测度下的稳定性和同步，但是很少有文献研究惯性 BAM 时变时滞神经网络在周期间歇控制下的稳定性问题。本章对惯性 BAM 神经网络在周期间歇控制下的稳定性问题进行研究。首先，引入一个变量将惯性 BAM 神经网络转换为一个简单模型；其次，利用 Lyapunov 函数和线性矩阵不等式技术，在周期间歇控制条件下分析惯性 BAM 神经网络的稳定性条件；进而通过对实例的数字仿真来验证结论的准确性。

考虑如下惯性 BAM 神经网络[5]：

$$\frac{\mathrm{d}^2 u_i(t)}{\mathrm{d}t^2} = -a_i \frac{\mathrm{d}u_i(t)}{\mathrm{d}t} - b_i u_i(t) + \sum_{j=1}^n c_{ij} f_j(u_j(t)) + \sum_{j=1}^n d_{ij} f_j(u_j(t-\tau(t))) + V_i, \quad i=1,2,\cdots,n$$

$$(9.1)$$

其中，$u_i(t)$ 是时刻 t 的第 i 个神经元的状态，它的二阶导数即为本章要研究和分析的系统模型(9.1)的惯性。设 $a_i > 0$，$b_i > 0$，二者分别为常量，其中 b_i 表示当不连接到网络或者外部输入时孤立潜在的重置状态的第 i 个神经元的重置率；c_{ij}、d_{ij} 是常量，表示连接权重；$f_j(\cdot)$ 表示时刻 t 的第 j 个神经元的激活函数。假设时延满足 $0 \leqslant \tau(t) \leqslant \tau$，$V_i$ 表示第 i 个神经元的外部输入。

令

$$\begin{cases} u_i(s) = \phi_i(s) \\ \dfrac{\mathrm{d}u_i(s)}{\mathrm{d}t} = \psi_i(s) \end{cases}, \quad -\tau \leqslant s \leqslant 0$$

其中，$\phi_i(s)$ 和 $\psi_i(s)$ 是有界连续函数。

令 $z_i(t) = \dfrac{\mathrm{d}u_i(t)}{\mathrm{d}t} + \varepsilon_i u_i(t)$，$i = 1, 2, \cdots, n$，通过变量代换，则系统模型 (9.1) 可重写为如下形式：

$$\begin{cases} \dfrac{\mathrm{d}u_i(t)}{\mathrm{d}t} = -\varepsilon_i u_i(t) + z_i(t) \\[2mm] \dfrac{\mathrm{d}z_i(t)}{\mathrm{d}t} = -[b_i + \varepsilon_i(\varepsilon_i - a_i)]u_i(t) - (a_i - \varepsilon_i)z_i(t) \\[2mm] \qquad\qquad + \displaystyle\sum_{j=1}^{n} c_{ij} f_j(u_j(t)) + \sum_{j=1}^{n} d_{ij} f_j(u_j(t - \tau(t))) + V_i \end{cases} \tag{9.2}$$

对于任意 $i = 1, 2, \cdots, n$，初始值均为 $u_i(s) = \phi_i(s)$，$y_i(s) = \psi_i(s) + \varepsilon_i \phi_i(s)$，且 $-\tau \leqslant s \leqslant 0$。记 $u(t) = (u_1(t), u_2(t), \cdots, u_n(t))^{\mathrm{T}}$，$z(t) = (z_1(t), z_2(t), \cdots, z_n(t))^{\mathrm{T}}$，系统模型 (9.2) 的矩阵形式如下：

$$\begin{cases} \dfrac{\mathrm{d}u(t)}{\mathrm{d}t} = -\varXi u(t) + z(t) \\[2mm] \dfrac{\mathrm{d}z(t)}{\mathrm{d}t} = -A u(t) - B z(t) + C f(u(t)) + D f(u(t - \tau(t))) + V \end{cases} \tag{9.3}$$

其中，$\varXi = \mathrm{diag}(\varepsilon_1, \varepsilon_2, \cdots, \varepsilon_n)$，$A = \mathrm{diag}(\alpha_1, \alpha_2, \cdots, \alpha_n)$，$B = \mathrm{diag}(\beta_1, \beta_2, \cdots, \beta_n)$，$\alpha_i = b_i + \varepsilon_i(\varepsilon_i - a_i)$，$\beta_i = a_i - \varepsilon_i$，$C = [c_{ij}]_{n \times n}$，$D = [d_{ij}]_{n \times n}$，$V = \mathrm{diag}(V_1, V_2, \cdots, V_n)$。

定义 9.1 如果存在 $\eta > 0$、$t_0 > 0$ 且 $M > 0$，对任意的 $t \geqslant t_0$ 和初始值 $\phi_i(s)$、$\psi_i(s)$，并且满足如下不等式：

$$\|x(t)\| + \|y(t)\| \leqslant M e^{-\eta(t - t_0)} \tag{9.4}$$

则时滞惯性 BAM 神经网络在周期间歇控制下是指数稳定的，其中 M 和 η 分别表示衰变系数和衰变率。

为方便讨论，将平衡点 (u^*, z^*) 移到原点，并令 $x = u - u^*$，$y = z - z^*$，若将周期间歇控制考虑进系统，那么经过平衡点平移后的间歇控制下的惯性神经网络模型 (9.3) 转换为如下模型：

$$\begin{cases} \dfrac{\mathrm{d}x(t)}{\mathrm{d}t} = -\varXi x(t) + y(t) + \varDelta_1(t) \\[2mm] \dfrac{\mathrm{d}y(t)}{\mathrm{d}t} = -A x(t) - B y(t) + C f(x(t)) + D f(x(t - \tau(t))) + \varDelta_2(t) \end{cases} \tag{9.5}$$

其中，$x(t) = (x_1(t), x_2(t), \cdots, x_n(t))^{\mathrm{T}}$，$y(t) = (y_1(t), y_2(t), \cdots, y_n(t))^{\mathrm{T}}$ 是转换系统的状态向量，$\varDelta_1(t)$ 和 $\varDelta_2(t)$ 是间歇控制器，其定义如下：当 $mT \leqslant t < mT + \delta$ 时，$\varDelta_1(t) = K x(t)$，

$\Delta_2(t) = \Gamma y(t)$ ，否则 $\Delta_1(t) = \Delta_2(t) = 0$ ，其中 $m = 0, 1, 2, \cdots$ ，$K = [k_{ij}]_{n \times n}$ ，$\Gamma = [\gamma_{ij}]_{n \times n}$ ，k_{ij} 和 γ_{ij} 是控制增益的常量，T 是控制周期并大于 0 ，$\delta(0 < \delta < T)$ 是控制时间长度。

假设 9.1　假设激活函数 $f(\cdot)$ 满足 Lipschitz 条件并且有界，对 $\forall x, y \in \mathbf{R}$ ，存在一个正对角矩阵 M ，使得如下不等式成立：

$$|f(x) - f(y)| \leqslant M|x - y| \tag{9.6}$$

9.2　稳定性分析

本节讨论时滞惯性 BAM 神经网络在周期间歇控制条件下的指数稳定性条件。

引理 9.1[6]　如果 X 、Y 是相应维度的实矩阵，那么存在一个数 $\varepsilon > 0$ 使得不等式 $X^T Y + Y^T X \leqslant \varepsilon^{-1} X^T X + \varepsilon^{-1} Y^T Y$ 成立。

引理 9.2[7]　令 $\omega : [\mu - \tau, \infty) \to [0, \infty)$ 是连续的函数且对任意的 $t \geqslant \mu$ 满足 $\dot{\omega}(t) \leqslant -a\omega(t) + b \sup \omega_t$ ，如果 $a > b > 0$ ，那么 $\omega(t) \leqslant \sup\limits_{u - \tau \leqslant \theta \leqslant u} \omega(\theta) \mathrm{e}^{-\gamma(t-u)}$ ，$t \geqslant u$ 。

引理 9.3[8]　令 $\omega : [t_0 - \tau, \infty) \to [0, \infty)$ 是一个连续的函数且对任意的 $t \geqslant \mu$ 满足 $\dot{\omega}(t) \leqslant a\omega(t) + b \sup\limits_{t - \tau \leqslant s \leqslant t} \omega(s)$ ，如果 $a > b > 0$ ，那么 $\omega(t) \leqslant \sup\limits_{t - \tau \leqslant \theta \leqslant t_0} \omega(\theta) \mathrm{e}^{(a+b)(t-t_0)}$ ，$t \geqslant t_0$ 。

定理 9.1[9]　若假设 9.1 满足，并且存在常量 a_1 、a_2 、a_3 、a_4 、η 、ρ 、ζ 和矩阵 $\varXi$ ，如果下列不等式都成立：

$$K^T + K^T - \varXi - \varXi^T + (\rho^{-1} + a_1)I + \eta^{-1} M^T M \leqslant 0 \tag{9.7}$$

$$\Gamma + \Gamma^T - B - B^T + \rho(I - A)(I - A)^T + \eta CC^T + \zeta DD^T + a_2 I \leqslant 0 \tag{9.8}$$

$$-\varXi - \varXi^T + (\rho^{-1} - a_3)I + \eta^{-1} M^T M \leqslant 0 \tag{9.9}$$

$$-B - B^T + \rho(I - A)(I - A)^T + \eta CC^T + \zeta DD^T - a_4 I \leqslant 0 \tag{9.10}$$

$$\sigma(\theta_1 - \theta_2) - \vartheta(1 - \theta_1) > 0, \quad p_1 > q \tag{9.11}$$

则时滞惯性 BAM 神经网络在周期间歇控制器作用下是全局指数稳定的。其中，$p_1 = \min\{a_1, a_2\}$ ，$q = \lambda_{\max}\{\xi^{-1} M^T M\}$ ，$p_2 = \max\{a_3, a_4\}$ ，$\vartheta = p_2 + q$ ，σ 是等式 $p_1 - \sigma - q\mathrm{e}^{\sigma\tau} = 0$ 的最小正根。

证明　首先构建 Lyapunov 函数如下：

$$V(t) = x^T(t)x(t) + y^T(t)y(t) \tag{9.12}$$

对 $V(t)$ 求右上导数，则当 $mT \leqslant t \leqslant mT + \delta$ ，$m = 0, 1, 2, \cdots$ 时

$$D^+V(t) = 2x^\mathrm{T}(t)[(K-\Xi)x(t)+y(t)] + 2y^\mathrm{T}(t)[-Ax(t)+(\Gamma-B)y(t) \\ + Cf(x(t)) + Df(x(t-\tau(t)))] \tag{9.13}$$

通过不等式变换，可得

$$2x^\mathrm{T}(t)y(t) - 2y^\mathrm{T}(t)Ax(t) = 2y^\mathrm{T}(t)(I-A)x(t) \\ \leqslant \rho y^\mathrm{T}(t)(I-A)(I-A)^\mathrm{T}y(t) + \rho^{-1}x^\mathrm{T}(t)x(t) \tag{9.14}$$

再由引理 9.1 和假设 9.1，可得

$$2y^\mathrm{T}(t)Cf(x(t)) \leqslant \eta y^\mathrm{T}(t)CC^\mathrm{T}y(t) + \eta^{-1}x^\mathrm{T}(t)M^\mathrm{T}Mx(t) \tag{9.15}$$

和

$$2y^\mathrm{T}(t)Df(x(t-\tau(t))) \\ \leqslant \xi y^\mathrm{T}(t)DD^\mathrm{T}y(t) + \xi^{-1}x^\mathrm{T}(t-\tau(t))M^\mathrm{T}Mx(t-\tau(t)) \tag{9.16}$$

将不等式 (9.14)、式 (9.15) 和式 (9.16) 代入式 (9.13) 可以得到

$$D^+V(t) \leqslant x^\mathrm{T}(t)[K^\mathrm{T}+K^\mathrm{T}-\Xi-\Xi^\mathrm{T}+(\rho^{-1}+a_1)I+\eta^{-1}M^\mathrm{T}M]x(t) \\ -a_1x^\mathrm{T}(t)x(t) + y^\mathrm{T}(t)[\Gamma+\Gamma^\mathrm{T}-B-B^\mathrm{T}+\rho(I-A)(I-A)^\mathrm{T} \\ +\eta CC^\mathrm{T}+\zeta DD^\mathrm{T}+a_2I]y(t) - a_2y^\mathrm{T}(t)y(t) \\ +\zeta^{-1}x^\mathrm{T}(t-\tau(t))M^\mathrm{T}Mx(t-\tau(t)) \\ \leqslant -p_1V(t) + qV(t-\tau(t)) \tag{9.17}$$

因为 $p_1 > q$，由引理 9.2 可知

$$V(t) \leqslant \sup_{mT-\gamma \leqslant \theta \leqslant mT} V(\theta)\mathrm{e}^{-\sigma(t-mT)} \tag{9.18}$$

同样，当 $mT+h \leqslant t < (m+1)T$ 时可以得到

$$D^+V(t) \leqslant x^\mathrm{T}(t)[-\Xi-\Xi^\mathrm{T}+(\rho^{-1}-a_3)I+\eta^{-1}M^\mathrm{T}M]x(t) + a_3x^\mathrm{T}(t)x(t) \\ +y^\mathrm{T}(t)[-B-B^\mathrm{T}+\rho(I-A)(I-A)^\mathrm{T}+\eta CC^\mathrm{T}+\zeta DD^\mathrm{T}-a_4I]y(t) \\ +a_4y^\mathrm{T}(t)y(t) + \zeta^{-1}x^\mathrm{T}(t-\tau(t))M^\mathrm{T}Mx(t-\tau(t)) \\ \leqslant p_2V(t) + qV(t-\tau(t)) \tag{9.19}$$

由引理 9.3 可以得到

$$V(t) \leqslant \sup_{mT+\delta-\gamma \leqslant \theta \leqslant mT+\delta} V(\theta)\mathrm{e}^{\vartheta(t-mT-\delta)} \tag{9.20}$$

通过数学归纳法，可以证明如下不等式是成立的

$$V(t) \leqslant \max_{-\tau \leqslant \theta \leqslant 0} V(\theta)\mathrm{e}^{-[\sigma(\theta_1-\theta_2)-\vartheta(1-\theta_1)]t+\sigma(\theta_1-\theta_2)\delta} \tag{9.21}$$

证明　当 $m=0$，且 $0 \leqslant t < \delta$ 时，有 $V(t) \leqslant \sup\limits_{-\tau \leqslant \theta \leqslant 0} V(\theta)\mathrm{e}^{-\sigma t}$。

当 $\delta \leqslant t \leqslant T$ 时，由于有 $\tau < \delta$ 和 $\sigma > 0$，有

$$V(t) \leqslant \sup_{\delta-\tau \leqslant \theta \leqslant \delta} V(\theta)\mathrm{e}^{\vartheta(t-\delta)} \leqslant \sup_{-\tau \leqslant \theta \leqslant 0} V(\theta)\mathrm{e}^{\vartheta(t-\delta)-\sigma(\delta-\tau)} \tag{9.22}$$

当 $m=1$，且 $T \leqslant t \leqslant T+\delta$ 时，有

$$V(t) \leqslant \sup_{T-\tau \leqslant \theta \leqslant T} V(\theta) \mathrm{e}^{-\sigma(t-T)} \leqslant \sup_{-\tau \leqslant \theta \leqslant 0} V(\theta) \mathrm{e}^{-\sigma(t-T)+\vartheta(T-\delta)-\sigma(\delta-\tau)} \tag{9.23}$$

当 $T+\delta \leqslant t \leqslant 2T$ 时，有

$$V(t) \leqslant \sup_{T+\delta-\tau \leqslant \theta \leqslant T+\delta} V(\theta) \mathrm{e}^{\vartheta(t-T-\delta)} \leqslant \sup_{-\tau \leqslant \theta \leqslant 0} V(\theta) \mathrm{e}^{\vartheta(t-T-\delta)+\vartheta(T-\delta)-2\sigma(\delta-\tau)} \tag{9.24}$$

当 $m=1,2,\cdots,\bar{m}(\bar{m} \geqslant 1)$ 时，有下列不等式成立。

当 $\bar{m}T \leqslant t < \bar{m}T+\delta$ 时，有

$$V(t) \leqslant \max_{-\tau \leqslant \theta \leqslant 0} V(\theta) \mathrm{e}^{-\sigma(t-\bar{m}T)+m\vartheta(T-\delta)-\bar{m}\sigma(\delta-\tau)} \tag{9.25}$$

当 $\bar{m}T+\delta \leqslant t < (\bar{m}+1)T$ 时，则有

$$V(t) \leqslant \sup_{-\tau \leqslant \theta \leqslant 0} V(\theta) \mathrm{e}^{\vartheta(t-\bar{m}T-\delta)+\bar{m}\vartheta(T-\delta)-(\bar{m}+1)\sigma(\delta-\tau)} \tag{9.26}$$

因此，当 $m=\bar{m}+1$，$(\bar{m}+1)T \leqslant t < (\bar{m}+1)T+\delta$ 时，可以推得

$$
\begin{aligned}
V(t) &\leqslant \sup_{(\bar{m}+1)T-\tau \leqslant \theta \leqslant (\bar{m}+1)T} \mathrm{e}^{-\sigma[t-(\bar{m}+1)T]} \\
&\leqslant \sup_{-\tau \leqslant \theta \leqslant 0} V(\theta) \mathrm{e}^{-\sigma[t-\bar{m}T]+m\vartheta(T-\delta)-\bar{m}\sigma(\delta-\tau)} \mathrm{e}^{-\sigma[t-(\bar{m}+1)T]} \\
&= \sup_{-\tau \leqslant \theta \leqslant 0} V(\theta) \mathrm{e}^{-\sigma[t-(\bar{m}+1)T]+(\bar{m}+1)\vartheta(T-\delta)-(\bar{m}+1)\sigma(\delta-\tau)}
\end{aligned} \tag{9.27}
$$

当 $(\bar{m}+1)T+\delta \leqslant t < (\bar{m}+2)T$ 时，可以推得

$$
\begin{aligned}
V(t) &\leqslant \sup_{(\bar{m}+1)T+\delta-\tau \leqslant \theta \leqslant (\bar{m}+1)T+\delta} V(\theta) \mathrm{e}^{\vartheta[t-(\bar{m}+1)T]-\delta} \\
&\leqslant \sup_{-\tau \leqslant \theta \leqslant 0} V(\theta) \mathrm{e}^{\vartheta(t-\bar{m}T-\delta)+\bar{m}\vartheta(T-\delta)-(\bar{m}+1)\sigma(\delta-\tau)} \mathrm{e}^{\vartheta[t-(\bar{m}+1)T]-\delta} \\
&= \sup_{-\tau \leqslant \theta \leqslant 0} V(\theta) \mathrm{e}^{\vartheta[t-(\bar{m}+1)T-\delta]+(\bar{m}+1)\vartheta(T-\delta)-(\bar{m}+2)\sigma(\delta-\tau)}
\end{aligned} \tag{9.28}
$$

因此，当 $m \in \mathbf{N}$ 时，不等式(9.25)和式(9.26)都是满足的。

令 $\delta=\theta_1 T$，$\tau=\theta_2 T$ 代入式(9.25)和式(9.26)，则有下列不等式成立：

$$
\begin{aligned}
V(t) &\leqslant \sup_{-\tau \leqslant \theta \leqslant 0} V(\theta) \mathrm{e}^{m\vartheta(1-\theta_1)T-m\sigma(\theta_1-\theta_2)T} \\
&\leqslant \sup_{-\tau \leqslant \theta \leqslant 0} V(\theta) \mathrm{e}^{\vartheta(1-\theta_1)t+\sigma(\theta_1-\theta_2)(-t+\delta)} \leqslant \sup_{-\tau \leqslant \theta \leqslant 0} V(\theta) \mathrm{e}^{-[\sigma(\theta_1-\theta_2)-\vartheta(1-\theta_1)]t+\sigma(\theta_1-\theta_2)\delta}
\end{aligned} \tag{9.29}
$$

和

$$
\begin{aligned}
V(t) &\leqslant \sup_{-\tau \leqslant \theta \leqslant 0} V(\theta) \mathrm{e}^{\vartheta t-(m+1)\vartheta\theta_1 T-(m+1)T\sigma(\theta_1-\theta_2)} \\
&\leqslant \sup_{-\tau \leqslant \theta \leqslant 0} V(\theta) \mathrm{e}^{\vartheta t-\vartheta\theta_1 t-t\sigma(\theta_1-\theta_2)} \leqslant \max_{-\tau \leqslant \theta \leqslant 0} V(\theta) \mathrm{e}^{-[\sigma(\theta_1-\theta_2)-\vartheta(1-\theta_1)]t+\sigma(\theta_1-\theta_2)\delta}
\end{aligned} \tag{9.30}
$$

因此，对于任意的 $t \geqslant 0$，有

$$V(t) \leqslant \max_{-\tau \leqslant \theta \leqslant 0} V(\theta) \mathrm{e}^{-[\sigma(\theta_1-\theta_2)-\vartheta(1-\theta_1)]t+\sigma(\theta_1-\theta_2)\delta} \tag{9.31}$$

通过数学归纳法证明了对于任意的 $m=0,1,\cdots$，不等式 (9.21) 是成立的，则由 $\sigma(\theta_1-\theta_2)-\vartheta(1-\theta_1)>0$ 的稳定性定理，可知定理 9.1 成立。证毕。

如果对于原系统模型 (9.3)，考虑引入一个控制器的情况，将会获得推论 9.1 和推论 9.2。

推论 9.1 若假设 9.1 满足，并且存在常量 a_1、$a_2{}'$、a_3、η、ρ、ζ 和矩阵 $\varXi$，同时以下不等式均成立：

$$K^T+K^T-\varXi-\varXi^T+(\rho^{-1}+a_1)I+\eta^{-1}M^TM\leqslant 0$$

$$-B-B^T+\rho(I-A)(I-A)^T+\eta CC^T+\zeta DD^T+a_2{}'I\leqslant 0$$

$$-\varXi-\varXi^T+(\rho^{-1}-a_3)I+\eta^{-1}M^TM\leqslant 0$$

$$-B-B^T+\rho(I-A)(I-A)^T+\eta CC^T+\zeta DD^T-a_4I\leqslant 0$$

$$\sigma(\theta_1-\theta_2)-\vartheta(1-\theta_1)>0,\quad p_1{}'>q$$

那么，时滞惯性 BAM 神经网络在周期间歇控制器作用下是全局指数稳定的。其中 $p_1{}'=\min\{a_1,a_2{}'\}$，$q=\lambda_{\max}\{\zeta^{-1}M^TM\}$，$\vartheta=p_2+q$，其中，$p_2=\max\{a_3,a_4\}$，$\sigma$ 是 $p_1-\sigma-qe^{\sigma\tau}=0$ 的最小正根。

证明 选择与定理 9.1 相同的 Lyapunov 函数。

当 $mT\leqslant t<mT+\delta$，且 $m=0,1,2\cdots$ 时，通过不等式技术，得到

$$\begin{aligned}
D^+V(t)\leqslant &x^T(t)[K^T+K^T-\varXi-\varXi^T+(\rho^{-1}+a_1)I+\eta^{-1}M^TM]x(t)\\
&-a_1x^T(t)x(t)+y^T(t)[-B-B^T+\rho(I-A)(I-A)^T\\
&+\eta CC^T+\zeta DD^T+a_2{}'I]y(t)-a_2{}'y^T(t)y(t)\\
&+\zeta^{-1}x^T(t-\tau(t))M^TMx(t-\tau(t))\\
\leqslant &-p_1V(t)+qV(t-\tau(t))
\end{aligned} \tag{9.32}$$

相似地，当 $mT+h\leqslant t<(m+1)T$ 时，有

$$\begin{aligned}
D^+V(t)\leqslant &x^T(t)[-\varXi-\varXi^T+(\rho^{-1}-a_3)I+\eta^{-1}M^TM]x(t)+a_3x^T(t)x(t)\\
&+y^T(t)[-B-B^T+\rho(I-A)(I-A)^T+\eta CC^T+\zeta DD^T-a_4I]y(t)\\
&+a_4y^T(t)y(t)+\zeta^{-1}x^T(t-\tau(t))M^TMx(t-\tau(t))\\
\leqslant &p_2V(t)+qV(t-\tau(t))
\end{aligned} \tag{9.33}$$

接下来的证明过程与定理 9.1 证明相似，这里不再赘述。证毕。

推论 9.2 若假设 9.1 满足，且存在常量 $a_1{}'$、a_2、a_4、η、ρ、ζ 和矩阵 $\varXi$，同时如下不等式均成立：

$$-\varXi - \varXi^{\mathrm{T}} + (\rho^{-1} + a_1')I + \eta^{-1}M^{\mathrm{T}}M \leqslant 0$$

$$\varGamma + \varGamma^{\mathrm{T}} - B - B^{\mathrm{T}} + \rho(I-A)(I-A)^{\mathrm{T}} + \eta CC^{\mathrm{T}} + \zeta DD^{\mathrm{T}} + a_2'I \leqslant 0$$

$$-\varXi - \varXi^{\mathrm{T}} + (\rho^{-1} - a_3)I + \eta^{-1}M^{\mathrm{T}}M \leqslant 0$$

$$-B - B^{\mathrm{T}} + \rho(I-A)(I-A)^{\mathrm{T}} + \eta CC^{\mathrm{T}} + \zeta DD^{\mathrm{T}} - a_4I \leqslant 0$$

$$\sigma(\theta_1 - \theta_2) - \vartheta(1-\theta_1) > 0, \quad p_1' > q$$

那么，时滞惯性 BAM 神经网络在周期间歇控制器作用下是全局指数稳定的。其中，$p_{11} = \min\{a_1', a_2\}$，$q = \lambda_{\max}\{\zeta^{-1}M^{\mathrm{T}}M\}$，$\vartheta = p_2 + q$，其中，$p_2 = \max\{a_3, a_4\}$，$\sigma$ 是方程 $p_1 - \sigma - q\mathrm{e}^{\sigma\tau} = 0$ 的最小正根。

9.3　数　值　仿　真

本节用一个例子来验证上面的结论。考虑如下惯性神经网络模型：

$$\begin{aligned}
\frac{\mathrm{d}^2 u_i(t)}{\mathrm{d}t^2} &= -a_i \frac{\mathrm{d}u_i(t)}{\mathrm{d}t} - b_i u_i(t) + \sum_{j=1}^{n} c_{ij} f_j(u_j(t)) \\
&\quad + \sum_{j=1}^{n} d_{ij} f_j(u_j(t-\tau(t))), \quad i = 1, 2, \cdots, n
\end{aligned} \tag{9.34}$$

定义参数如下：

$a_1 = 5.4$，$a_2 = 5.2$，$b_1 = 9.04$，$b_2 = 7.8$，$f(u(t)) = \tanh(u(t))$，$\tau(t) = \dfrac{\mathrm{e}^t}{1 + \mathrm{e}^t}$。 若 $\varepsilon_1 = \varepsilon_2 = 1.2$，则通过简单计算能够获得相应的矩阵如下：

$$A = \begin{bmatrix} 4 & 0 \\ 0 & 3 \end{bmatrix}, \ B = \begin{bmatrix} 4.2 & 0 \\ 0 & 4 \end{bmatrix}, \ C = \begin{bmatrix} 0.5 & 0.6 \\ 3 & -0.6 \end{bmatrix}, \ D = \begin{bmatrix} 0.6 & -0.5 \\ 1.8 & 0.5 \end{bmatrix}$$

令正常数 $\eta = 0.5$，$\rho = 0.5$，$\zeta = 1$，控制参数 $K = \mathrm{diag}(-4, -4)$，$\varGamma = \mathrm{diag}(-5, -5)$。经过计算，可得 $a_1 = 1.2$，$a_2 = 1.2$，$a_3 = 2$，$a_4 = 2$，显然不等式 (9.7)～式 (9.11) 均成立，那么无间歇控制下的惯性神经网络是指数稳定的。图 9.1 给出了无间歇控制器条件下的惯性神经网络轨迹图，图 9.2 描述了在控制周期 $T = 0.2$ 和控制时间 $\delta = 0.01$ 时，惯性神经网络达到了稳定的轨迹变化图。

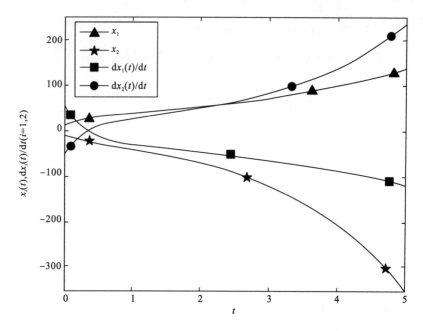

图 9.1　无间歇控制的惯性神经网络轨迹图[29]

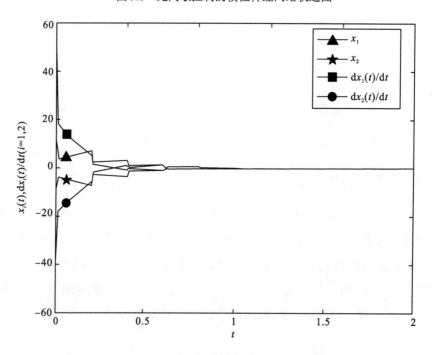

图 9.2　间歇控制的惯性神经网轨迹图[9]

9.4　本　章　小　结

本章讨论了惯性时变时滞下 BAM 神经网络利用周期间歇控制使得该网络达到指数稳定的问题，通过利用 Lyapunov 稳定性理论和不等式技术，得到了较为合理的稳定性条件，并且利用数字仿真工具对所得条件进行了验证。

参 考 文 献

[1] Ke Y，Miao C. Stability and existence of periodic solutions in inertial BAM neural networks with time delay[J]. Neural Computing & Applications，2013，23(3-4)：1089-1099.

[2] Liu Q，Liao X，Liu Y，et al. Dynamics of an inertial two-neuron system with time delay[J]. Nonlinear Dynamics，2009，58(3)：573-609.

[3] Liu Q，Liao X，Yang D，et al. The research for Hopf Bifurcation in a single inertial neuron model with external forcing[C]. IEEE International Conference on Granular Computing，2007：528.

[4] Wheeler D W，Schieve W C. Stability and chaos in an inertial two-neuron system[J]. Physica D：Nonlinear Phenomena，1997，105(4)：267-284.

[5] Cao J，Wan Y. Matrix measure strategies for stability and synchronization of inertial BAM neural network with time delays[J]. Neural Networks，2014，53：165-172.

[6] Yang Z，Xu D. Stability analysis and design of impulsive control systems with time delay[J]. IEEE Transactions on Automatic Control，2007，52(8)：1448-1454.

[7] Xia W，Cao J. Pinning synchronization of delayed dynamical networks via periodically intermittent control[J]. Chaos，2009，19(1)：377-411.

[8] Yang X，Cao J，Lu J. Synchronization of delayed complex dynamical networks with impulsive and stochastic effects[J]. Nonlinear Analysis Real World Applications，2011，12(4)：2252-2266.

[9] Zhang W，Li C D，Huang T W，et al. Exponential stability of inertial BAM neural networks with time-varying delay via periodically intermittent control[J]. Neural Computing and Applications，2015，26(7)：1781-1787.

索　引